DATA EVOLUTION THEORY

資料演化論

從繩結、泥板到元宇宙

數位對映、虛擬實境和區塊鏈,數位時代的起點竟是數手指的原始人?

劉士軍 著

從繩結到大數據,一場人類文明的進化史
揭開數字背後的秘密,輕鬆認識資料科學

掌握資訊,你就能駕馭未來

目錄

推薦語

序

隱藏在資料背後的真相

第一部分　探索資料演進的軌跡

　　第一章　原始人的困惑……………………015

　　第二章　伴隨文明而生的數據……………057

　　第三章　資料規範國家治理………………077

　　第四章　能夠透視迷霧的慧眼……………097

　　第五章　宇宙的測量………………………113

　　第六章　兵與火，電與數…………………133

　　第七章　大數據的時代……………………143

第二部分　走進資料的世界

　　第八章　機率與資料分布…………………165

　　第九章　量化衍生資料……………………195

目錄

第十章　資料思維……………………………………221

第三部分　開啟資料元宇宙

第十一章　數位對映……………………………………241

第十二章　建構資料世界的規則………………………253

第十三章　資料元宇宙…………………………………267

尾聲　數的奇想：黑方碑

附錄

參考文獻

推薦語

馬帥博士

　　在資訊時代，資訊已不是一個簡單的符號，而是成為驅動科技、社會進步發展的關鍵要素之一。大數據的興起，進一步推動人工智慧的發展，帶給我們更深的體悟，更佳的應用體驗。本書從資料的起源談起，回顧人類探索資料的歷程，並進一步聚焦由數位結構所形塑的無限世界──元宇宙，透過新穎的觀點，帶領讀者一同探索數位世界。

臧根林博士

　　人類社會已由工業時代邁入資訊時代，資訊已成為當代最寶貴的資源，堪比工業時代的石油、鋼鐵。本書以深入淺出、通俗易懂的語言，回顧資訊發展的恢宏歷程，也展現資訊空間的廣闊未來，引領讀者理解資訊的意義，掌握基本概念，並啟發對資訊世界的思考。全書內容非常適合對資訊感興趣的年輕讀者閱讀，是一部具知識性的科普作品。

推薦語

序

　　資料是自然與生命的一種表現形式，且由來已久。從結繩記事開始，資料就客觀地記錄了人類的成長及社會的發展，涵蓋日常生活、生產活動與國家歷史。

　　數據通常由數字組成，數字本身只是一種符號，人類最早可能是用手指來計數的，但是加上腳指頭也只能表示20以內的數字。所以，當數字很大時，人們開始用結繩計數、勒石記事（刻在石頭上）等方式。上古時代，人們使用木、竹或骨頭製成的小棍來計數的，稱為算籌。後來古印度人發明了現在最通用的阿拉伯數字。這些計數方法與符號慢慢轉變成最早的數字符號。這些符號所代表的數值，就是數據。辭典將數據定義為「進行各種統計、計算、科學研究或技術設計等所依據的數值」。數據具有客觀性，是事物本身的一種屬性描述；也具有公正性，能呈現真實、展現規律、預測未來。透過數據量化的邏輯，衡量與比較，可以直達事物的本質。

　　隨著資訊時代來臨，現實世界中的事物與現象，皆可被轉換成資料，儲存於數位空間中，大幅提升資訊產出效率。專家預估短短幾年後，全球資訊總量將達到175.8ZB，此現象被稱為資訊爆炸。在數位經濟時代，更要充分發揮大數據的優勢，促進數位技術與實體經濟的深度融合，推動傳統產業轉型升級，

序

催生新產業、新型態、新模式。對今日的讀者而言，加深對資訊的理解，並培養邏輯思考變得尤為重要。

理工科出身的人，似乎對資料更加敏感，喜歡看到它所展現的真實世界。筆者一直對資料充滿敏感與好奇心，加之長期從事資料科學領域的教學、科學研究工作等，逐漸形成了對資料之內涵與應用的個人見解。同時，出於對歷史、天文、軍事的興趣，經常仔細觀察隱藏在事件背後的資料，因此促成寫作本書的初衷，也形成穿越資料的前世今生，從量化看現實世界走向元宇宙的敘事架構。

筆者在本書撰寫過程，參考大量來自文獻的有趣見解，但仍難免有所遺漏。在此，謹向對本書提供過幫助的所有專家學者與未曾謀面的同好，一致以誠摯謝意。同時，也感謝出版社為本書的出版給予大力支持，並對鄭志寧編輯在本書選題、策劃與出版過程中所付出的耐心與專業，表示真摯的謝意。

劉士軍

隱藏在資料背後的真相

資料是如何產生的？資料又表達了什麼？

原始社會末期，人們為了分配食物或物資，需要把口說或手算的資料，以定量方式記錄下來，於是出現了計算和文字。《周易‧繫辭》中寫道：「上古結繩而治，後世聖人易之以書契。」人們先是以結繩記事，繼而又進化出文字，包括楔形文字、象形文字、拼音文字等。隨著書寫取代言傳，又進一步產生了更複雜的文學藝術。

這裡所談論的「結繩記事」，也可視為「結繩計數」，記錄事情的同時也計算出其中所含的數量，這正是資料最早的來源。上古人類打獵歸來，不再是把獵物粗略地堆放一旁，而是要數一數究竟獵得幾隻獵物，再用繩結詳細記錄下來。想像一下，某個英明的部落首領，藉由準確掌握部落收穫的食物數量，能夠合理地進行分配，實現了初步的「公平、公正」。如此，不僅維繫部落的團結，又避免了「餓一頓、飽一頓」的窘況，最終帶領部落興旺發達。以這個角度看來，與現代的企業管理者是否有異曲同工之妙？

資料的基礎源於其客觀性，它不會被人的主觀意識所竄改。因此，資料中隱藏著大量的真相。以魏、蜀、吳三國爭霸來看，當時的戰爭其實是人口數量的競爭，根據歷史學家的初步

考證，當時魏國約504萬人，吳國約256萬人，而蜀國僅有128萬人。顯然，僅有128萬人的蜀國，扣除老人、婦孺與殘疾者，能夠徵用的青壯年士兵不超過20萬人，在爭霸中率先敗下陣來，似乎也是一種必然。

還有一個有趣的故事。17世紀到18世紀前半期，英國在北美洲陸續建立13個殖民地。到西元1775年，這13個殖民地的人民開始掀起推翻英國殖民統治的獨立戰爭，組成了「大陸軍」（Continental Army），由喬治‧華盛頓擔任總司令。西元1776年7月4日，殖民地代表在費城召開了第二次大陸會議，會議中通過了《獨立宣言》，正式宣布成立一個嶄新的國家，這個國家的名字叫做「The United States of America」。

從字面上來看，美國是一個國家，也是由許多個州所組成的聯邦體系。美國建立初期，人民是怎麼看待這個嶄新的國家？國家與州的意識是如何定位？對此，沒有進行過正式調查或統計。不過，真相其實一直存在，只是隱藏在資料中。

2004年，美國一家公司開始提供一項創新服務，藉由圖書館與出版商合作，大規模掃描圖書，試圖打造全球最大的數位圖書館。同時，該公司還提供一項為全球書籍詞彙頻率統計（Ngram Viewer）的工具，使用者可查詢任意一個或數個詞彙，其在過去500年內於出版書籍中所出現的頻率統計。

這項資料不受個人或特定組織的影響，也很難刻意去造

假，人們的無意識的傾向、行為被展現得一覽無遺。如果我們使用軟體做比對，美國建立至今，「The United States are」與「The United States is」這兩個詞彙，在書籍中的出現頻率，將會發現一些有趣的現象。

在書籍中出現「The United States are」，複數的「are」，其實反映的是人們潛意識中視為「聯邦」的觀念；相對來說，「The United States is」，單數的「is」，則代表對「一個國家」的認同。

如下圖所示，二個詞彙使用頻率變化非常明顯。在美國建立早期，人們將美國看作「聯邦」的意識（圖中細線）遠高於將美國視為「一個國家」（圖中粗線）。然而，「一個國家」意識的使用頻率持續增加，並在西元 1876 年一舉超過「聯邦」。

這個關鍵轉折點，正是美國南北戰爭時期，象徵統一的北方勢力獲勝。而下一波國家認同的急遽上升趨勢，則出現在 1910 年前後，這是美國南北戰爭後重建時期，國家開始邁向全球強權的階段。此後，美國作為一個完整國家的意識逐步成為主流，而「聯邦」的意識則日漸式微。

或許，當年寫文章的人，在表述心目中的美國時，並未刻意選擇用「are」或「is」，而只是潛意識的一種習慣使然。然而，正是這些潛藏在人們習慣中的微妙變化，透過資料累積與分析，真實反應人們潛意識的演變。

資料不會撒謊，只會揭示真相，這正是資料最迷人的魅力。

隱藏在資料背後的真相

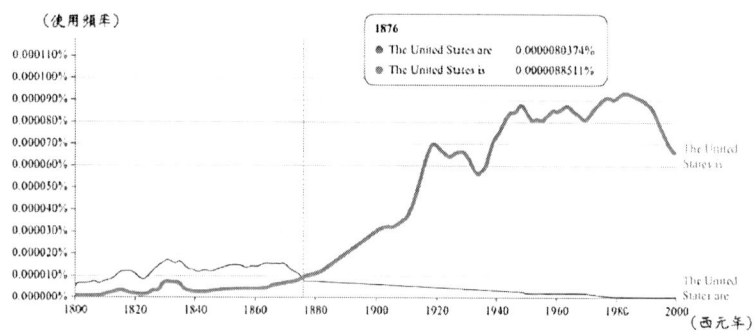

詞彙使用頻率趨勢圖——「The United States are」與「The United States is」

第一部分
探索資料演進的軌跡

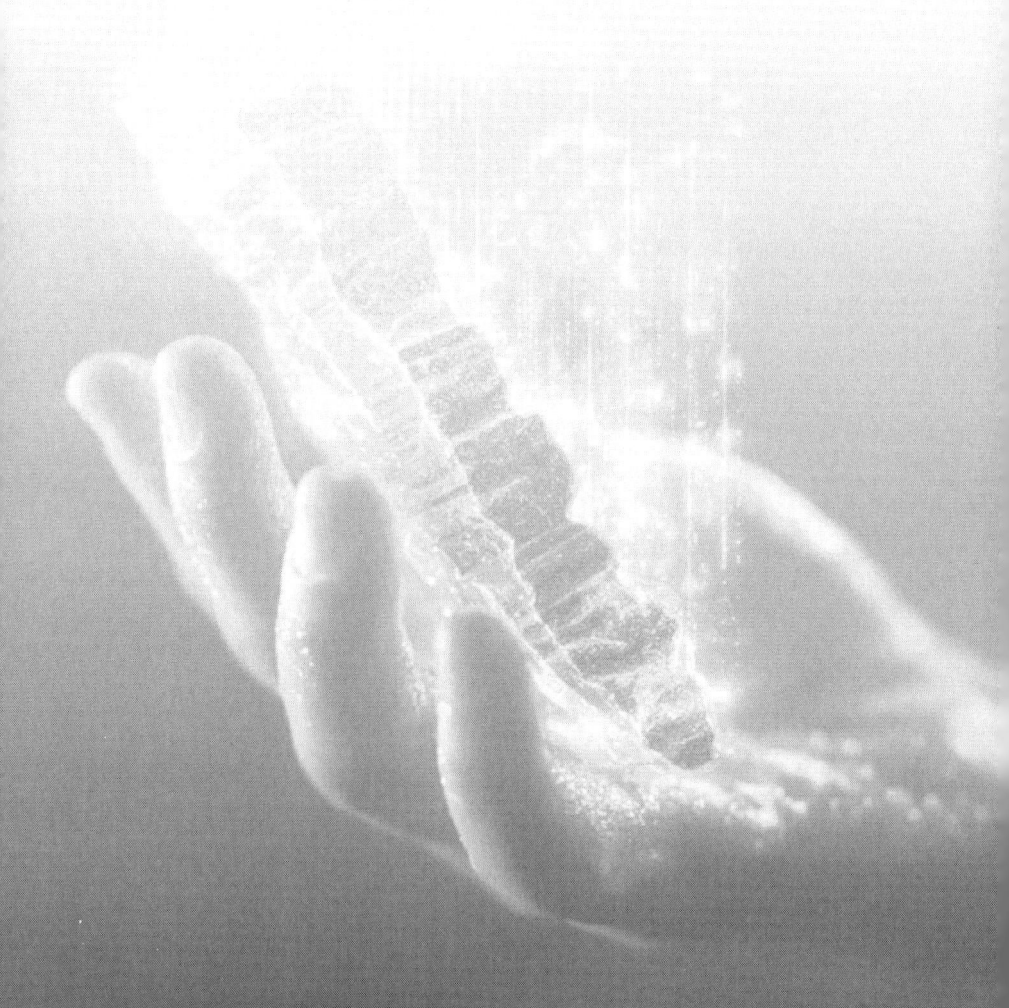

第一部分　探索資料演進的軌跡

第一章
原始人的困惑

人類在進化過程中,隨著智力程度逐漸提高,所需關注的事物也越來越多,例如,今天打到幾頭野豬?部落的族人是否都平安歸來?自然而然地就產生了「數」的概念,人類也開始學會計算。原始人最早使用的數是1、2、3、4……這類數字,即所謂的自然數。隨著認知的逐步深入,人們按照「自然數→零→分數→有理數→無理數→實數→虛數→複數」的過程,逐漸完善了數的概念,下圖所示為數的部分種類。

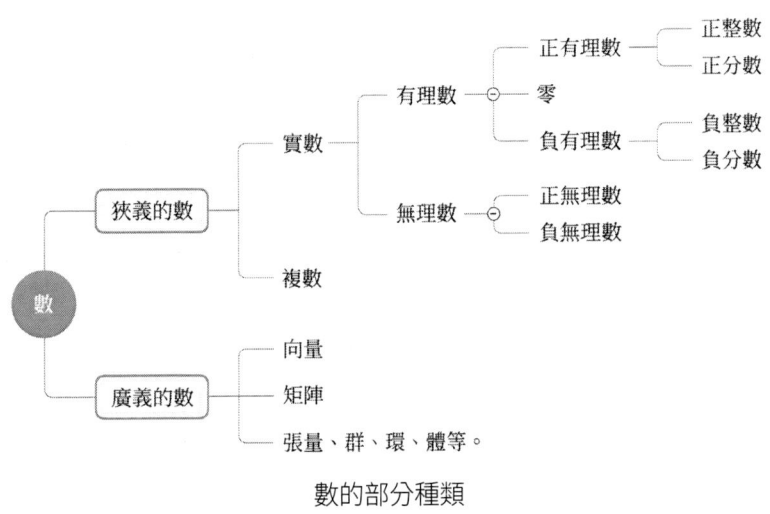

數的部分種類

第一部分　探索資料演進的軌跡

1. 數的歷史

我們現在理解數的概念是理所當然的，但「數」其實是很抽象的。在《牛津現代高級英漢雙解詞典》中，英文「digit」一詞除表示（從 0 到 9 的任何一個）數字的含義以外，還有手指、拇指、腳趾的意思，這是不是跟嬰兒數著手指頭建立數的概念有關係呢？

因為數本身是一個抽象的概念，回想我們剛接觸數時，也是花了很長的時間才建立起數的概念。而對數建立系統化概念的過程，也是先從自然數開始，接著是分數、小數與負數的概念。當我們的邏輯思考能力提高後，又建立了有理數及無理數的概念，數的概念進一步擴充為實數。高中階段因方程式的學習，又引入了虛數，最終建立了複數的概念。

自然數

自然數由正整數所組成，即為數字 0、1、2、3、4……所表示的數，數學上一般用 N 來表示自然數的集合。自然數是人類歷史上最早出現的數，在計算與測量中有廣泛的應用，人們常用自然數為事物做標記或排序，如公車路線、門牌號碼、郵遞區號等。自然數有無限個，所以沒有最大的自然數。

但數字「0」是否應包括在自然數之內？這在數學史上還曾

經存在過爭議，有人認為數自然要從 1 開始算起，所以自然數應該只包括正整數，也有人認為表示「從無到有」的「0」也算是「自然而然」的數，所以自然數應該包含「0」。

「0」的發現

「0」是極為重要的數字，「0」的發現被稱為人類偉大的發現之一。約西元前 2000 年，古印度最古老的文獻「吠陀」中已有「0」這個符號的應用，當時的「0」表示無（空）的位置。標準的數字「0」由古印度人在約西元 5 世紀時發明，他們最早用黑點「·」表示零，後來逐漸演變成「0」。7 世紀初，印度大數學家婆羅摩笈多（Brahmagupta）首先提出了 0 個「0」是「0」，任意數加上 0 或減去 0 得任意數。

西元 1202 年，義大利出版了一本重要的數學書籍——《計算之書》（*Liber abaci*），書中廣泛使用由阿拉伯人改進的印度數字，象徵新數字在歐洲開始使用。這本書共十五章。書中有記載：印度的 9 個數字為「9、8、7、6、5、4、3、2、1」，利用這 9 個數字與阿拉伯人的「0」，可以表示出來任何數。由於一些原因，「0」這個符號引入西方之初，曾經引起西方人的困惑，因當時西方認為所有的數都是正數，而且「0」這個數字會使許多算式、邏輯不能成立（如除以 0），甚至有人認為「0」是魔鬼數字。不過，由於「0」確實很方便，特別是後來發明了進位法表示數的進位，「0」的作用更不可取代了。

第一部分　探索資料演進的軌跡

分數

　　隨著工作、生活需求，自然數的表示已不敷使用。例如：在分割土地或表達一段繩子的長度、一塊肉或一袋麵粉的重量時，自然數就不夠用了。也就是說，人們在工作、生活中開始使用尺規、量器時，分數因此應運而生。而中國古代最早論述分數運算的系統方法的是數學著作《九章算術》。

負數

　　在日常生活中，人們也經常會遇到各種意義相反的數。例如，在記帳時有盈有虧；在統計糧倉存貨時，要記進貨或出貨。所以，人們就考慮用意義相反的數來表示，於是引入了正數、負數這兩個概念，把盈餘、進貨記為「正」，把虧損、出貨記為「負」。魏晉時期的學者劉徽首先提出正數與負數的定義，他所著的《九章算術注》中有：「今兩算得失相反，要令正負以名之。」意思是，在計算過程中遇到具有相反意義的數，要用正數與負數來區分它們。

有理數

　　小學生第一次接觸到有理數的概念時，難免感到費解，什麼是「有理」？難道還有別的數是「無理」嗎？其實這是一個翻譯上的失誤。有理數一詞之英文為 rational number，而 rational 通

常表示「理性的」。因為近代翻譯西方科學著作時，常借鑑日語的翻譯方法，因此翻譯為「有理數」。追本溯源，這個詞源自於古希臘，其英文字根為 ratio，就是「比」的意思（這個詞的詞根雖然是英文中的，但希臘語意義與之相同）。所以這個字的本義也很清楚，就是代表整數的「比值」，即可以表示為兩個整數之比的數。而與之相對，「無理數」為不能精確表示為兩個整數之比的數，而並非沒道理的意思。

數學上，有理數準確的定義是一個正整數 a 及一個正整數 b 的比，例如 3／8，另外，0 也是有理數。由於所有整數皆可表示為「n／1」的形式，因此有理數是整數與分數的集合，整數也可看作分母為 1 的分數。有理數的小數部分為有限或無限循環的數。而不是有理數的實數則稱為無理數，且無理數的小數部分是無限不循環的數。

無理數

畢達哥拉斯是古希臘偉大的數學家。他證明過許多重要的定理，包括後來以他的名字命名的畢氏定理（勾股定理），即直角三角形的斜邊平方等於兩直角邊之平方和。

在古希臘，畢達哥拉斯將數學擴展到哲學領域，他用數的觀點去解釋世間萬物。畢達哥拉斯發現，琴弦的長度與琴弦的頻率呈反比，而兩個長度呈簡單整數比的琴弦能夠發出和諧的聲音。他將弦長比分別為 2：1，3：2，4：3 時，發出的，相

隔八度、五度、四度的音程定義為畢氏音程。弦長與頻率的關係如下圖所示。然後，他用一根固定長度的琴弦為基礎，以這些「完美比例」製作出其他的琴弦。畢達哥拉斯運用這個方法創造出一套互相之間有著明確數學關係的音律，稱作「五度相生律」。這套音律不僅成為畢達哥拉斯學派各種藝術活動中的基石，甚至流傳至後世，對現代音樂理論也影響深遠。

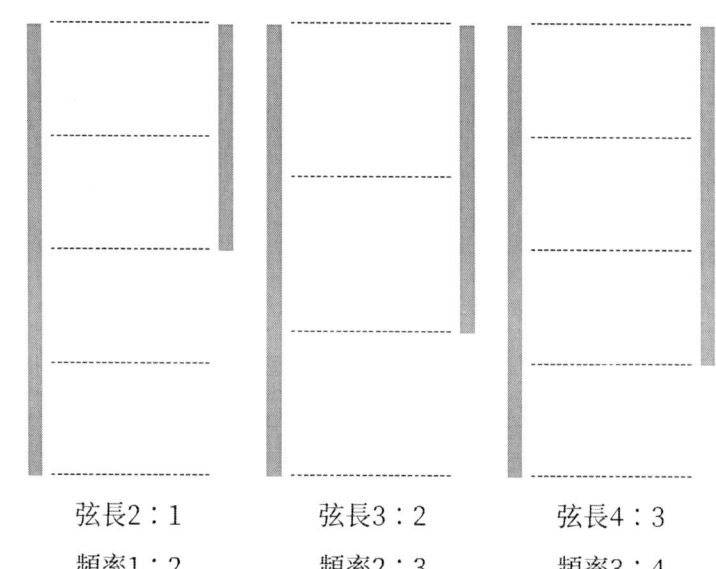

弦長與頻率的關係

經過進一步的理論昇華，畢達哥拉斯進一步提出「萬物皆數」（All is number）的觀點。畢達哥拉斯與其學派認為，數的元素就是萬物的元素，世界是由矩陣形成的，世間萬物皆可用數來表示，數本身就是世界的秩序（依靠數的比例）。他們甚至認

第一章　原始人的困惑

為，宇宙和諧的基礎是完美之數的比例，所有數都能藉由分數的形式表示出來。

這裡的「萬物皆為數」顯然就是指有理數了，因為它們都「能夠藉由分數的形式表示出來」，這個數要能夠寫出來，可用整數或分數。然而，畢達哥拉斯的弟子希帕索斯（Hippasus）發現一個驚人的事實，一個正方形的對角線與其一邊的長度是不可通約（incommensurable）的，所謂「通約」是一個幾何學概念。對於兩條線段 a 與 b，如果存在線段 d，使得 a = md，b = nd（m、n 為自然數），那麼稱線段 d 為線段 a 與 b 的一個「通約」。舉個例子，正方形的邊長為 1，則對角線的長不是一個有理數，很容易算出這個對角線長度為 $\sqrt{2}$。

其實，歐幾里得的《幾何原本》（*Elements*）中提出一種證明無理數的經典方法：

證明：$\sqrt{2}$ 是無理數

假設 $\sqrt{2}$ 不是無理數

∴ $\sqrt{2}$ 是有理數

令 $\sqrt{2}$ ＝ q／p（p、q 互質且 p ≠ 0，q ≠ 0）

兩邊平方得 2 ＝（p／q）^{2}

即 2 ＝ p^2／q^2

透過移項，得到：$2q^2 = p^2$

∴ p^2 必為偶數

∴ p 必為偶數

令 p = 2m

則 $p^2 = 4m^2$

∴ $2q^2 = 4m^2$

化簡得 $q^2 = 2m^2$

∴ q^2 必為偶數

∴ q 必為偶數

綜上，q 及 p 都是偶數

∴ q、p 互質與且 q、p 為偶數相互矛盾，故原假設不成立

∴ $\sqrt{2}$ 為無理數

這種不可通約性與畢達哥拉斯學派的「萬物皆數」(指有理數) 的理論顯然是矛盾的。希帕索斯思考很久後，還是想不出如何解釋這個怪現象。他對自己的發現既驚奇又驚駭，因為他自己最初也堅信老師畢達哥拉斯「萬物皆數」的觀點。他不敢對外宣稱自己發現了一種奇怪的數，只好告知畢達哥拉斯，由他定奪。

這一發現使畢達哥拉斯感到惶恐，因為這將動搖他在學術界的統治地位。畢達哥拉斯第一時間下令封鎖消息，警告希帕索斯不要再研究這個問題，並稱希帕索斯是學派的叛徒，準備處置他。希帕索斯被迫流亡他鄉，不幸的是，他還是被畢達哥拉斯的門徒追上，並被投屍大海，葬身魚腹，為堅持真理獻出了生命。

第一章　原始人的困惑

然而,真理畢竟是掩蓋不了的,畢達哥拉斯學派抹殺真理才是「無理」。人們為了紀念希帕索斯這位為真理而獻身的可敬學者,就把不可通約的數定名為「無理數」——無理數的由來。

實際上,希帕索斯的發現,第一次向人們揭示有理數系的缺陷,證明有理數並沒有布滿數線上的點,不能與連續的無限直線等同看待,在數線上存在不能用有理數表示的「孔隙」。而這種「孔隙」經後人證明簡直「不可勝數」。

在數學中,無理數為所有不是有理數的實數,當兩個線段的長度之比是無理數時,這樣的線段被描述為不可測量(通約),表示它們是無法「比較」。所以,無理數不能被寫成兩個整數之比,若將它寫成小數形式,小數點之後的數字有無窮多個,並且不會循環。常見的無理數有非完全平方數的平方根、圓周率 π 與自然常數 e 等。

不可通約的本質是什麼?長期以來眾說紛紜,得不到正確的解釋,兩個不可通約的比值也一直被認為是不可理喻的數。15 世紀義大利著名畫家達文西稱這樣的數為「無理的數」,17 世紀德國天文學家克卜勒則稱它們為「不可名狀」的數。不可通約的發現改變人們判斷事物的模式,從直覺、經驗轉向依靠證明,也推動公理幾何學與邏輯學的發展,也對往後 2,000 多年數學的發展有很深遠的影響,且促使了微積分思想的萌芽。

第一部分　探索資料演進的軌跡

實數

　　由無理數引發的數學危機一直延續到 19 世紀後期。西元 1872 年，實數的三大派理論，即戴德金「分割」理論 (Dedekind cut)、康托爾 (Cantor) 的「基本序列」(Cauchy) 理論與維爾斯特拉斯 (Weierstrass) 的「區間套疊」(nest of interval) 理論，同時在德國出現。戴德金從連續性的要求出發，用有理數的「分割」來定義無理數；康托爾用有理數的基本序列的方法來界定無理數；維爾斯特拉斯用無窮（非循環）十進位小數的方法、端點為有理點的閉區間套疊與有界單調有理數列的方法，建立多種形式上不同，而實質上等價的嚴格實數理論。他們都是首先從有理數去定義無理數，即數線上有理點之間的所有空隙（無理點），都可以由有理數經過一定的方式來確定，然後證明這樣定義的實數具有人們原來熟知的實數所應有的一切性質，特別是連續性。實數的三大派理論對無理數從本質上做出嚴格定義，從而建立完備的實數集合。實數集合使古希臘人的算術連續統一的設想，終於在嚴格的科學定義下得以實現，結束了持續 2,000 多年的數學史的第一次大危機。

虛數與複數

　　在數學中，複數就是形如 $a + bi$ 的數，其中 a、b 是實數，且 $b \neq 0$，$i^2 = -1$，實數 a 及 b 分別被稱為複數的實部和虛部。之所以用字母「i」，原因是虛數的本義是「imaginary number」，

即想像的、虛構的數字。虛數這個名詞是 17 世紀著名數學家笛卡兒創立的，因為當時的觀念認為這不是真實存在的數字。後來發現複數 a + bi 的實部 a 可對應平面上的橫軸，虛部 b 對應平面上的縱軸，這樣複數 a + bi 可與平面內的點 (a,b) 對應。

複數的建立，經歷了一個漫長的過程。西元 1637 年，法國數學家笛卡兒正式使用「實數」與「虛數」這兩個名詞。此後，德國數學家萊布尼茲 (Gottfried Leibniz)、瑞士數學家尤拉 (Euler) 與法國數學家棣美弗 (Abraham de Moivre) 等研究出虛數與對數函數、三角函數之間的關係。除了用於方程式外，數學家還把複數應用於微積分，得出許多有價值的結果。尤拉還首先用 i 來表示「負一」的平方根。

西元 1797 年，挪威數學家維賽爾 (Caspar Wessel) 在平面中引入數線，以實軸與虛軸所確定的平面向量表示這類新數，不同的向量對應不同的點，因而表示的複數也互不相同。他還用幾何術語定義了這類新數與向量的運算，建立了平行四邊形法則，實質上已揭示這類新數與其運算的幾何意義，但在當時未引起人們的注意。

西元 1816 年，著名的德國數學家高斯 (Gauss) 在證明代數基本定理時應用並論述了這類新數，而且首次引進「複數」這個名詞，把複數與複平面內的點一一對應起來，從而建立了複數的幾何基礎。

西元 1837 年，愛爾蘭數學家哈密頓 (Hamilton) 使用有序

實數對 (a,b) 定義複數及其運算,並說明複數的加、乘運算滿足實數的運算定律;實數則被看成特殊的複數 (a,0)。因此,歷經 300 年的努力,數系自實數系往複數系的擴張才得以完成。

2. 計數有學問

數字是某種位置數字系統中表示數的單獨的符號(例如「2」)或者組合的符號(例如「25」)。在這種系統中,數字按照一定的規律組合起來,就能表示任何數值,稱為數。

數的概念最初無論在哪個地區都是從 1、2、3、4……這樣的自然數開始的,但是計數的符號卻大不相同,人類歷史上發明了許多符號。古巴比倫人用點來表示數字,五個點表示 5,八個點表示 8,九個點表示 9。點太多,數不清時,人們又發明了專用的計數符號,「<」表示 10,「T」表示 360 等。在中國,「一,二,三,四,五,六,七,八,九,十,百,千,萬」這 13 個數字在甲骨文中就已經出現。

古羅馬的數字系統相當先進,羅馬數字的符號一共只有 7 個:「I」(代表 1)、「V」(代表 5)、「X」(代表 10)、「L」(代表 50)、「C」(代表 100) 及「D」(代表 500)、「M」(代表 1,000)。這 7 個符號位元上無論怎樣變化,它所代表的數字都是不變的。羅馬數字影響甚廣,美國橄欖球年度賽事「超級盃」每年的 Logo

第一章　原始人的困惑

都是一個變形的羅馬數字加橄欖球的造型。

世界上曾出現過許多種數字系統，不同的文明如中國、波斯、古印度、古羅馬等，都在歷史長河中發展出了自己的數字系統。有趣的是，中國還發展出大寫數字這種獨特的系統，利用與數字同音的漢字取代數字，以防止數目被塗改。而羅馬數字因為字形有序，富於裝飾性，經常出現在鐘錶盤面上。不過目前最常用的還是阿拉伯數字。

阿拉伯數字	0	1	2	3	4	5	6	7	8	9
國字數字（日常）	〇	一	二	三	四	五	六	七	八	九
國字數字（大寫）	零	壹	貳	叄	肆	伍	陸	柒	捌	玖
羅馬數字		I	II	III	IV	V	VI	VII	VIII	IX

常用的數字系統

數字看似簡單，卻經過了數千年的進化才發展成現代的數字系統，許多現在看似簡單的概念，也是經過了漫長的演化才發展成熟的。

古人借用身體部位輔助計數，首先想到的當然是手指，這也許是我們喜歡用「十」作為計數單位的由來。有些文化甚至連指關節、腳趾之間與手指之間的空間都用上了，例如新幾內亞的 Oksapmin 文化，使用 27 個身體部位來表示數字。

第一部分　探索資料演進的軌跡

蘇美人楔形數字元號

第一章　原始人的困惑

古人在交易、記錄中，把數字刻在木頭、骨頭及石頭上來儲存數字。西元前8000年到前3500年，蘇美人發明了一種在黏土中保存數字資訊的方法，用各種形狀的小塊黏土做成標記，這些標記可以像串珠一樣串起來。

最初的數字都代表著具體的事物。隨著時代演進，古人逐漸建立數字的抽象概念。大約西元前3100年，數字開始與被計算的東西分離，成為抽象的符號。

在西元前2700年到西元前2000年，蘇美人用於書寫的圓形手寫筆逐漸被三角形尖頭的蘆葦桿取代，形成了黏土上的楔形數字。這些楔形數字類似於它們所替換的圓形數字，並保存部分圓形符號的一些符號。這些數字系統逐漸發展演變為一種通用的六十進制制數系統。這個六十進制制數系統在古巴比倫時期得到了充分發展，並成為當時的計數標準。

古巴比倫的六十進制制系統是混合基數系統，交替使用基數10及基數6，這兩個基數分別用垂直楔形與人字形表示。到西元前1950年，六十進制制數系統在商業中被廣泛使用，同時也用於天文與其他計算，並從古巴比倫傳播到整個美索不達米亞以及那些使用標準古巴比倫計量與計數單位的地中海國家，包括古希臘、古羅馬與古埃及。現代社會中仍然使用古巴比倫六十進制制數系統來表示時間（每小時分鐘數）與角度（度數）。

中國是最早研究模除，即整數相除求餘數的概念的國家之一。模除可視為一種進位制度，只不過進位系統是一些特殊

的整數。《孫子算經》中有記載一個問題：「今有物不知其數，三三數之剩二，五五數之剩三，七七數之剩二，問物幾何？」意思是，一個數除以 3 餘 2，除以 5 餘 3，除以 7 餘 2，求適合這個條件的最小數。這是個典型的模算數問題，被稱為「孫子問題」。關於孫子問題的一般解法，國際上稱為「中國剩餘定理」。

古代學者已研究過這個問題的解法。例如，明朝數學家程大位在他著作的《演算法統宗》中，以四句通俗口訣暗示此題的解法：三人同行七十稀，五樹梅花廿一支，七子團圓正半月，除百零五便得知。這裡「正半月」暗指 15。「除百零五」的原意是用 105 去除，求出餘數。這四句口訣暗示的意思是：當除數分別是 3，5，7 時，用 70 乘以用 3 除的餘數，用 21 乘以用 5 除的餘數，用 15 乘以用 7 除的餘數，再把這三個乘積相加。相加的結果如果比 105 大，就除以 105，所得的餘數就是滿足題目要求的最小正整數解。

古人發展模數計算，主要是滿足軍隊供給的需要。例如說，部隊與糧食數量之間的分配關係其實就跟上面的「孫子問題」很類似，經過模數計算，很快就會找到合適的糧食分配方案。古代的建築行業，也長期使用模數計算方式，將許多常用的建築材料與其尺寸固定下來，便於互換與標準化作業。模數計算適合做乘法，但不適合做加法，現代社會已經不太常用了，但在數位訊號處理、密碼學中還被廣泛使用。

雅典數字系統是最古老的希臘數字系統，早在西元前 4 世

第一章　原始人的困惑

紀，古希臘人就開始使用一個準十進位數字系統（希臘數字）。猶太人也使用過類似的系統（希伯來語數字），其中最早的例子是西元前 100 年左右的硬幣。這種數字系統的特點是五、十進位制混合，可以表示 1、5、10、100、1000……現代貨幣系統其實還留有這種數字系統的痕跡。

古羅馬帝國大致遵循古希臘的習慣，即將字母分配給各種數字，包括常用的「Ⅰ」、「Ⅴ」、「Ⅹ」（分別代表 1、5、10）。羅馬數字系統在歐洲仍然被普遍使用，直到 16 世紀開始普遍使用現代的計數系統。

中美洲的馬雅人使用十八進位制與二十進位制混合的數字系統，而且其數字系統已包括了位置符號和零之類的先進符號。馬雅人使用這個系統進行先進的天文計算，包括太陽年長度計算與金星軌道高精度計算等。印加帝國使用一種複雜的彩繩繩結記號系統來管理帝國龐大的經濟。可惜的是，16 世紀，西班牙征服者在摧毀印加帝國時，也毀滅了這種彩繩繩結記號系統中的結節表示方法與顏色編碼系統，導致其沒能流傳下來。

一些權威人士認為，中國最早採用算籌來表示位置計數系統。而現代普遍使用的阿拉伯數字就是一種位置計數系統，最早其實是由印度數學家發明的，西元 773 年前後，由印度大使將此系統與天文表帶到巴格達，就此引入阿拉伯世界。從印度開始，經由阿拉伯與非洲之間蓬勃發展的貿易，再將阿拉伯數字這一概念帶到開羅，阿拉伯數學家進一步將該系統擴展到包

含小數的部分。現代阿拉伯數字在 12 世紀時被阿拉伯人引入歐洲。

計數的規則 —— 計數法

隨著人類社會的進步，所需表示的數量不斷增加，甚至變得無窮無盡。然而，代表數的符號卻只有數個或十餘個，該怎麼辦呢？人們想到把有限的符號組合在一起表示更多的數，但這需要有個規則。歷史上，不同時代、不同地域、不同文化中產生的計數制度可說是五花八門，主要是在數字系統上增加了一些規則，因而衍生新的數字形式，稱為附加數字。

(1) 簡單累數制

一個羅馬數字符號重複幾次，就表示這個數的幾倍。如：「III」表示「3」；「XXX」表示「30」。然而，當數字稍微大一點，表示起來冗長難以書寫，如 3,888，羅馬數字寫成「MMMDCCCLXXX-VIII」。顯然這種輔助計數方式並不太實用。

(2) 右加左減

一個代表大數字的符號右邊附一個代表小數字的符號，表示大數字加小數字的數目，如羅馬數字「VI」表示「6」，「DC」表示「600」。一個代表大數字的符號左邊附一個代表小數字的符號，表示大數字減去小數字的數目，如「IV」表示「4」，「XL」表示「40」，「VD」表示「495」。這種方法比簡單累數法方便，但閱讀難度較大。

(3) 分級符號制

如古埃及僧侶將 10、20⋯⋯90 及 100、200⋯⋯900 等採用特殊的符號來表示。

(4) 乘法累數制

在中國古代，214,557 會被讀作「二十一萬四千五百五十七」。從最早的文字記錄中考究，數詞通常是十進位制。「十、百、千、萬、億、兆、經、垓（ㄍㄞ）」等數詞早已有之，只不過萬以上的數詞如億、兆、經、垓等不常用。甲骨文中出現的數詞最大為「三萬」，周代出現了「億」以上的數詞，《伐檀》中寫道：「胡取禾三百億兮。」

(5) 位置計數法

位置計數即今天我們常用的阿拉伯數字的計數方法。不同位置的數字代表的權重不一樣，稱為「位權」。位置計數法的出現，為數字表示和計算皆帶來極大的方便，可謂是數系發展的第一個里程碑。

(6) 科學記號表示法

科學記號（scientific notation）是把一個正數表示成 $a \times 10^n$ 的形式，其中 $1 \leq a < 10$) 與 10 的 n 次方，n 為整數。當我們要標記或運算某個較大或較小且位數較多的數時，用科學記號可以避免浪費很多空間和時間。如世界人口約有 70 億，可寫成 $7,000,000,000 = 7 \times 10^9$。

阿拉伯數字	1	5	10	20	30	40	50	60	70	80	90	100	500	1 000	10 000	10⁸
國字數字（小寫）	一	五	十	二十	三十	四十	五十	六十	七十	八十	九十	一百	五百	一千	一萬	一億
國字數字（大寫）	壹	伍	拾	貳拾	參拾	肆拾	伍拾	陸拾	柒拾	捌拾	玖拾	壹佰	伍佰	壹仟	壹萬	壹億
羅馬數字	I	V	X	XX	XXX	XL	L	LX	LXX	LXXX	XC	C	D	M	MMMMMMMMMM	⁻C

附加數字

3. 數的進位

進位計數是由人為定義進位規則的計數方法。任何一種進位 —— X 進位，即表示每一位置上的數做運算時，X 進位就是逢 X 進一位。十進制是逢十進一，十六進制是逢十六進一，二進制就是逢二進一，以此類推。

十進制

人類自然而然採用了十進制。

由於人類的雙手共有十根手指，故在人類採用的進位法中，十進制是使用最普遍的一種。當人類在需要計數的時候，首先想到的就是利用天然的算籌 —— 手指來進行計數。成語「屈指可數」可說是生動呈現出際計數的情境和方式。

第一章　原始人的困惑

二進制

　　二進制有兩個特點：它由兩個數位 0 與 1 所組成，且二進制運算規律是逢二進一。

　　古代所發明的八卦，可以類比到透過爻組合而成的二進制。爻是《易經》中組成卦的符號，「—」為陽爻，「——」為陰爻。每三爻合成一卦，可得八卦。兩儀即為二進制的位元 0 與 1；四象即二進制位元所組合的四種狀態；八卦即三個二進制位元組形成的八種組合。兩卦（六爻）相重，則得六十四卦。然而，八卦更應該被看作一種古代哲學思想，中國歷史上並沒有發展出二進制的應用。直到 18 世紀，德國著名的數學家、哲學家萊布尼茲才第一個理解二進制計數的重要性，並提出二進制之系統性演算法則。

　　因為電腦只能辨識及處理用「0」與「1」符號所組成的程式碼，其運算模式正是二進制，所以現代電腦領域普遍採用二進制的概念。二進制雖然不如十進制容易理解，但在計算上卻具有許多優點：

　　(1) 二進制中只有兩個位元 0 及 1，可用具有兩個不同穩定狀態的元件來表示。例如，電路中某一通路中電流的有無、某一節點電壓的高低、晶片的導通與否等。

　　(2) 二進制的運算簡單，大幅簡化計算中運算元件的結構。

　　(3) 二進制與邏輯運算相容。邏輯「真」常用「1」表示，邏

035

輯「假」常用「0」表示，這些都是邏輯計算的基礎。

（4）二進制與 2 的次方的各種進位換算起來非常方便。由於 2 是最基本的偶數，2 的次方之間運算非常方便，$2^3 = 8$，$2^4 = 16$，因此八進制與十六進制在電腦中。只需要把二進制的數值，從右邊每三個位元一組，即可表達為八進制；從右邊每四個位元一組，即可表達十六進制。例如，二進制數據 $(11,101,010.010,110,100)_2$ 對應八進制數據 $(352.264)_8$ 或 352.264_O。

（5）由於 $2^{10} = 1,024 \approx 1,000$，在二進制與十進制間建立了一個天然的近似關係，例如，在表示數據時常用的 K、M、G、T 這些數量單位，分別是 Kilo（10^3）、Mega（10^6）、Giga（10^9）、Tera（10^{12}）的簡寫，在表示電腦儲存容量時近似表示為 2^{10}，2^{20}，2^{30}，2^{40}，即：

1K ＝ 1,024 個位元組

1M ＝ 1,048,576 位元組

1G ＝ 1,073,741,824 位元組

1T ＝ 1,099,511,627,776 位元組

五進制

五進制是以 5 為基數的進位制，起源顯然來自一隻手有 5 根手指。計數時有些人慣用畫「正」字的方式，其實就是一種五

進制。與此類似，西方人也常用畫五角星，或者四豎加一橫來表示「5」。

古人很喜歡用五進制，算盤就是五進制，應該是便於計算的原因。例如，算盤口訣「三下五除二」，含義為在算盤的下檔有兩個珠或者多於兩個珠時，如果要再加三，操作時應從上檔上撥下一個珠，下檔上除去兩個珠，即先加五再減二，上檔那個珠，實際上就是一個五進制。由於這句口訣給人非常幹練的印象，已成為辦事俐落的一個代名詞。

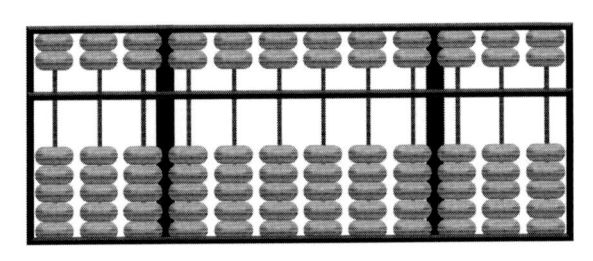

算盤

中國古代音律中，使用更多的也是五聲音階，依次為「宮－商－角－徵－羽」。如按音域高低順序排列，即為「1－2－3－5－6」。雖然只用了5個音符，五音俱全展現獨特的藝術魅力。

七進制

七進制是以7為基數的計數系統。使用數字0～6。由於7是一個質數，七進制小數通常都是循環小數，除非分母是7的倍數，所以七進制用起來非常不方便。但我們平時採用的星期

可以看作是七進制的一個例子。

音樂的基本元素也是 7 個音符，可以渲染出動人的旋律。

十二進制

十二進制是以 12 為基數。十二進制的來源有兩種說法，一種說法是 10 根手指加兩隻腳，為什麼不是加上 10 根腳趾頭？可能是因為穿著鞋子吧。另一個說法是因為一年有 12 個月，這個說法應該更為可靠。

十二進制在日常生活中應用非常普遍，英制長度單位一英呎等於 12 英吋，一先令等於 12 便士。一天有 24 個小時，鐘錶的一個循環是 12 個小時。還有個單位叫做「打」，一打表示 12 個，超市中賣的啤酒、飲料基本都是 12 進位單位包裝的，一箱是 12 瓶，也有 24 瓶的。

十六進制

中國的重量單位曾有一個進位的特例，就是 1 斤等於 16 兩，所以有句成語為「半斤八兩」。為什麼會有這種特殊比例？流傳一種說法，為了實際生活中的細分需求。由於過去糧食比較短缺，一斤糧食對半分就是 8 兩一份，再對半得 4 兩一份，再對半得 2 兩一份，還可再細分為 1 兩一份，都很精確，這其實是二進制的優勢。

六十進制

60 是一個非常好的合數，它的因數包含 1、2、3、4、5、6、10、12、15、20、30，因此用 60 作為進位單位，可以很好地表示各種小數字，幫助日常生活做精細化分割。例如，在一小時裡面，不論是 3 分鐘、5 分鐘、10 分鐘、15 分鐘、20 分鐘還是 30 分鐘，都很容易換算出與一小時的比例關係，非常方便。前面提到，古巴比倫人最早引入六十進制，希臘人、歐洲人到 16 世紀仍將這一系統運用於數學與天文學的計算之中，六十進制在漫長的歷史發展中逐漸占有一席之地。直至現在六十進制仍被應用於角度、時間單位（分、秒）的紀錄上，我們現在把圓周分為 360 等份，也應歸功於古代巴比倫人。

4. 有趣的數字

人們在使用數字的過程中，發現許多有趣的數字，這些數就像自然界的生靈一樣，帶有宇宙原始的規律性，神奇而奧妙。

4.1 質數與週期蟬

質數指在大於 1 的自然數中，除了 1 及它本身以外不再有其他因數。

質數的個數是無窮的。歐幾里得《幾何原本》中有一個經典

的證明。它使用了證明常用的方法：反證法。具體證明如下：假設質數只有有限的 n 個，從小到大依序排列為 p1,p2,……,pn，設 N ＝ $p_1 \times p_2 \times \cdots \times p_n$，那麼，N ＋ 1 是質數或者不是質數。

如果 N ＋ 1 為質數，則 N ＋ 1 要大於 p1,p2,……,pn，所以它不在那些假設的質數集合中。

如果 N ＋ 1 不是質數（稱為合數），因為任何一個合數都可以分解為幾個質數的積，而 N 及 N ＋ 1 的最大公約數是 1，所以不可能被 p1,p2,……,pn 整除，所以該合數分解得到的質因數肯定不在假設的質數集合中。因此，無論該數是質數還是合數，表示在假設的有限個質數之外還存在其他質數，所以原先的假設不成立。也就是說，質數有無窮多個。

判斷一個正整數 N 是否為質數，最簡單的方法就是試除法，將該數 N 用小於等於 $\sqrt{N}$ 的所有質數去試除，若均無法整除，則 N 為質數；之所以只需要試到 $\sqrt{N}$，是因為再大的數肯定不會是 N 的因數了。

關於質數的研究引出了著名的「哥德巴赫猜想」（Goldbach's Conjecture）。西元 1742 年，哥德巴赫在給尤拉（Euler）的信中提出一個猜想：任一大於 2 的偶數都可寫成兩個質數之和。但是哥德巴赫自己無法證明它，尤拉一直到死，也無法證明。現在我們經常將「哥德巴赫猜想」描述為「任一足夠大的偶數都可以表示成一個質因數個數不超過 a 個的數與另一個質因數不超

第一章　原始人的困惑

過 b 個的數之和」，記作「a + b」。1966 年，陳景潤證明了「1 + 2」成立，即「大偶數可以表示為一個質數與一個不超過兩個質數的乘積之和」。這就是民間訛傳「哥德巴赫猜想就是證明 1 + 1 = 2」的由來。

自然界有許多質數的神奇應用，例如，多數生物的生命週期恰巧為質數（單位為年），這樣可以最大限度地減少遭遇天敵的機會。

週期蟬（Periodical cicada）是美國的一類蟬的屬名，其生命週期為 13 年或 17 年，也被稱為 13 年蟬或 17 年蟬。牠們的幼蟲孵化後便鑽入地下，一生中絕大多數時間都在地下度過，靠吸食樹根的汁液生存。直到孵化後的第十三年或第十七年，同種蟬的若蟲會同時破土而出，在 4～6 週內羽化、交配、產卵與死亡，完成整個生命歷程。產下的卵孵化後，新的幼蟲又再進入下一個生命週期。因此，每隔 17 年或 13 年，在美國東部一些地方就會突然出現大量的蟬，已成為一種奇景。

生物學家很早就注意到這個現象，並開始持續研究。20 世紀初的研究發現，在異常週期內出現的蟬會被捕食性鳥類吃得一乾二淨。美國康乃爾大學的行為生態學家華特·科尼格（Walter D. Koenig）與美國農業部林業局的生態學家安德魯·利布霍爾德（Andrew M. Liebhold）共同研究了從 1966 年到 2010 年美國捕食性鳥類的資料，主要針對其中 15 種鳥類，包括黃嘴美洲

鵑、紅頭啄木鳥、家雀等以蟬為食的鳥類，希望弄清楚這些鳥的數量變化是否與蟬的生命週期有關。他們的研究顯示，在週期蟬大批湧現的當年，這些鳥類的數量恰巧達到最低點。

趴在柵欄上的密密麻麻的週期蟬

為什麼會出現這種巧合？科學家們推測，在週期蟬出土的那一年，由於食物異常充足，這些蟬的捕食者因為容易取得食物，繁殖力與後代生存率都增加了，後代順利長大造成族群的擴張。但到了第二年，由於週期蟬的出土週期很長，食物突然陷入短缺；第三年、第四年也是如此，而「過度繁殖」的鳥類，可能等不到週期蟬下次出土就餓死了，當週期蟬下次出土的時候，鳥類的族群數量又恢復到正常水準。

至於為什麼需要13年或17年，顯而易見，是質數起了作用。

第一章　原始人的困惑

　　由於質數只有 1 及自身兩個因數，它與其他數的公倍數總是特別大，例如，以生殖成熟週期為 2 年的天敵來說，牠們要到了第十七代，也就是 34 年後，才會再碰上週期蟬的大量出現。

　　兩位科學家的研究也證明了這一點，在 17 年蟬大批出現的 12 年後，捕食牠們的鳥類的數量開始減少，最終在第 17 年達到最低點——正是 17 年蟬再次大批出現的年分。以 13 年蟬為食的鳥類也遵循類似規律。科尼格說：「蟬控制了鳥類的數量；牠們替鳥設計一條軌道，當下一批蟬大量湧現時，鳥類的數量是大幅減少。」

　　質數的這個特徵被人類所發現，並實際應用於工作與生活中。例如，在汽車變速箱齒輪的設計上，將相鄰的大小齒輪齒數設計成互為質數，使特定兩齒再次咬合所需的轉動圈數成為它們齒數的最小公倍數，使齒輪磨損更加均勻，增強耐用度，有效延長齒輪壽命，降低損壞機率。在害蟲的生長週期與殺蟲劑使用之間的關係上，殺蟲劑的質數次數的使用也得到了證明。實驗證明，於害蟲繁殖的高峰期使用殺蟲劑是最合理的，而且害蟲很難產生抗藥性。在密碼學上，所謂的公開金鑰制就是係將想傳遞的訊息，在編碼時用一個非常大的質數作為密碼進行加密，當密碼傳送給收信人後，只有特定的質數金鑰（另一個特定的大質數）才能解密。截獲密碼的人若沒有收信人持有的金鑰，於解密的過程中（實為計算質數的過程），可能因為計算質數的過程太久，即使最後破解訊息也變得毫無意義。

4.2 π 及 e

說起數字界的天王，非圓周率 π 莫屬。而數字界的天后，自然常數 e 絕對當之無愧。

著名的 π 日為每年的 3 月 14 日，因為圓周率可簡寫成 3.14。而 3 月 14 日是大科學家愛因斯坦的生日，從 2018 年開始，這一天又多了一個含義——著名物理學家霍金的逝世紀念日。

圓周率 π 是一個常數（約等於 3.141592654），代表圓的周長與直徑的比值。π 是一個無理數，即無限不循環小數，在日常生活中，通常用 3.14 代表圓周率去進行計算，即使要進行較精密的計算，一般取到小數點後 9 位小數（3.141592654）便足以應付。然而，人們探索圓周率精度的歷史悠久，到近代更發展到幾近瘋狂的地步。

古埃及的《萊因德數學紙草書》(Rhind Mathematical Papyrus) 中記載了圓周率等於分數 16／9 的平方，直接取 π 值為 3。東漢張衡估算圓周率得出約等於 3.1605。《周髀算經》中提到「徑一而周三」，$π^2／16 ≒ 5／8$（計算 π 值約為 3.162）。這些值都不太精確，直到西元 263 年，數學家劉徽為計算圓周率而發明「割圓術」，他先從圓內接正六邊形，逐次分割一直推算到圓內接正 192 邊形。他說，「割之彌細，所失彌少，割之又割，以至於不可割，則與圓周合體而無所失矣。」其中包含了求極限的概念。劉徽一直割圓到正 1,536 邊形，求出 3,072 邊形的面積，

第一章　原始人的困惑

得到令自己滿意的圓周率 3927／1250 ≒ 3.1416，這個值已經相當接近 π 的實際值。又過了 200 年，南北朝時期的數學家祖沖之推算圓周率，更精確取到小數點後 7 位的結果，包含下限近似值 3.1415926 及上限近似值 3.1415927，還提出兩個簡易的有理式近似值，密率 355／113 及約率 22／7。可惜，記錄祖沖之與其子的數學成果之書籍《綴術》早於宋朝就失傳了，因此祖沖之是如何算出 π 值的，已無明確的記載，只有這個精確的計算結果記錄在《隋書》中。

記載祖沖之圓周率計算結果的《隋書》

第一部分　探索資料演進的軌跡

　　祖沖之的圓周率計算紀錄維持近千年之久,直到 15 世紀初才被阿拉伯數學家卡西所超越,他求得小數點後 17 位的精確值。此後,許多科學家耗盡畢生精力,使用人力求解圓周率的精確值,一直到英國的弗格森與美國的倫奇於西元 1948 年共同發表 π 的 808 位小數,成為人工計算圓周率的最高紀錄。此後,電腦的發明使 π 值計算有了突破性的發展,美國一家公司的工程師愛瑪,在該公司雲端平臺的幫助下,於西元 2019 年 π 日計算圓周率至小數點後 31.4 兆位,準確地說是 31,415,926,535,897 位,但這已經與精確無關,而純粹是算力的競爭了。

　　有趣的是,這家美國公司於 2005 年的公開募股發行數量為 14,159,265 股,很明顯是套用 π 值的奇怪數字,展現該公司的科技實力與專業形象。值得一提,這家公司 2004 年的首次公開募股,集資額為 2,718,281,828 美元,其數字剛好對應到接下來要討論的自然常數 e。

　　e 也是一個數學常數,它是自然對數函數的底數,一般認為 e 代表的是「指數」(exponential) 一詞的開頭字母。e 的一個定義為極限:

$$e = \lim_{n \to \infty} \left(1 + \frac{1}{n}\right)^n$$

　　e 數值約等於(小數點後 100 位):「$e \approx 2.7182818284590452$ 3536028747135266249775724709369995957496696762772407663

第一章　原始人的困惑

0353547594571382178525166427 4」。

　　e 也是個無限不循環小數，因此讓它顯得格外「自然」。可是，這個神奇的 *e*，到底有什麼物理含義呢？為什麼叫做「自然」常數？簡而言之，*e* 就是成長的極限。

　　以下的例子對 *e* 核心意義做出最佳詮釋：

　　首先，假設某種類的一群單細胞生物每 24 小時全部分裂一次。在不考慮死亡與變異等情況下，這群單細胞生物的總數量每天都會多一倍，即細胞總數量會增加至原數量的 2 倍，因此寫出它的成長公式：

$growth = 2^x$

其中，x 表示天數。

這個式子可以改寫成：

$growth = (1 + 100\%)^x$

其中，1 表示原有數量，100％ 表示單位時間內（24 小時）的成長率。

　　然而，根據細胞生物學，每過 12 小時，也就是分裂進行到一半的時候，平均會新產生原數量一半的新細胞，新產生的細胞在之後的 12 小時內已經在分裂了。

　　所以，把一天 24 小時分成兩個階段，每一個階段的細胞數量都在前一個階段的基礎上增加 50％，因此得到下方的式子：

047

$$growth = \left(1 + \frac{100\%}{2}\right)^2 = 2.25$$

也就是在一個單位時間內，這些細胞的數量總共可成長至原數量的 2.25 倍，可比開始計算的 2 倍那個數大一些。

依同樣的邏輯繼續推論，倘若這些細胞每過 8 小時就可以產生平均 1 ／ 3 的新細胞，新生細胞立即具備獨立分裂的能力，那就可以將一天分成三個階段，在一天時間內細胞的總數會成長至：

$$growth = \left(1 + \frac{100\%}{3}\right)^3 = 2.370\,37\cdots$$

即最後細胞數成長到 2.37 倍，比上面計算的值又多了一點。

能夠繼續成長下去嗎？

假設這種分裂現象是不會間斷、連續性的，每分每秒產生的新細胞，都會立即與母體一樣繼續分裂，一個單位時間（24 小時）最多可以成長多少個細胞呢？答案是：

$$growth = \lim_{n \to \infty}\left(1 + \frac{100\%}{n}\right)^n = 2.718\,281\,828\cdots$$

我們已經從這個公式裡看到了自然數的影子，也就是 $e = \lim_{n \to \infty}\left(1 + \frac{1}{x}\right)^x$ 這個定義。如果成長率為 100％ 保持不變，不管細胞分裂速度有多快，在單位時間內細胞最多能成長到約 2.71828 倍。

第一章　原始人的困惑

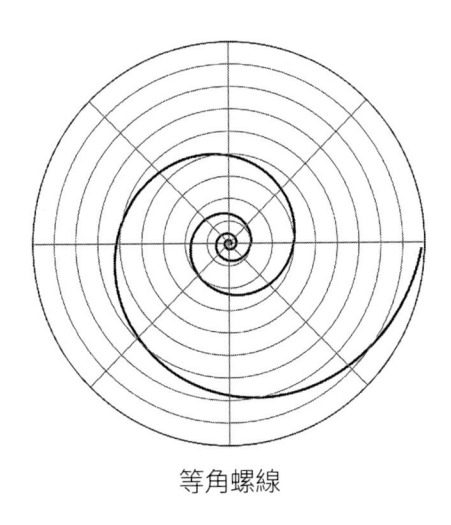

等角螺線

　　這個值代表自然成長的極限，也就是在單位時間內，持續的翻倍成長所能達到之極限值。這背後其實是宇宙中的某種「自然規律」，因此，「自然數」這個名號，e 絕對是實至名歸。

　　e 廣泛存在於自然界中，但 e 有一種特殊表現形式 —— 等角螺線（logarithmic spiral）就是自然界常見的螺線，又稱為「生長螺線」，在極座標系 (r,θ) 中，這個曲線可以表示為：

　　$r = ae^{b\theta}$，其中 e 是自然常數，a、b 是常數，θ 是點與極軸的夾角。這個曲線畫出來如上圖這樣，螺線與射線的夾角始終是一個固定夾角，所以又稱為等角螺線。

　　宇宙中處處可見等角螺線的身影。鸚鵡螺的貝殼像等角螺線，向日葵的種子排列呈等角螺線，鷹以等角螺線的飛行軌跡接近獵物，昆蟲以等角螺線的路徑接近光源，蜘蛛網的結構與等角螺線相似，漩渦星系的旋臂差不多是等角螺線，颱風外觀

第一部分　探索資料演進的軌跡

像等角螺線……

除了生長與 e 有關外，許多物質衰變過程也與 e 密不可分。西元 1896 年，法國科學家貝克勒爾（Henri Becquerel）在研究鈾鹽的實驗中，首先發現了鈾原子核的天然放射性。原子核內的核子（質子與中子）多了，它就會變得不穩定，就有可能向更穩定的狀態轉變，例如，透過放射出粒子及能量後可變得較為穩定，此過程稱為「衰變」。

放射性元素在衰變過程中，原子核的核子數目會逐漸減少，有半數原子核發生衰變時所需的時間稱為該元素的半衰期。每種放射性元素都有其特定的半衰期，從幾微秒到幾百萬年不等。

對單個原子來說，衰變是一個隨機現象，無法精確預知發生衰變的時間，它可能在下一秒就發生，也有可能幾十億年後才發生。但若觀察一個整體，元素衰變的規律十分明確，放射性元素的半衰期描述的就是這樣的統計規律。

一個原子核在衰變前存在的時間，稱為它的壽命科學家發現，把一堆同種放射性元素任意分成幾組，對每組原子測量平均壽命，得到的結果是一樣的，也就是說放射性元素的平均壽命是一樣的。對於同一種核種，單個原子核衰變的機率都是一樣的。假設單個放射性原子核的平均壽命為 τ，從這個原子核新生開始的一段時間（Δt）內，其衰變的機率可以簡略理解為 Δt 與 τ 的比率。

換一個角度來看，對一群新生的放射性原子核來說，這個

第一章　原始人的困惑

比率也可以理解為：從新生開始某一段時間內衰變掉的原子數目（Δn）占初始總原子數（N_0）的比率。由此可以推導出原子衰變的公式：

$$N = N_0 e^{-t/\tau}$$

其中，N_0 是初始原子核數目，N 是經過 t 時後還保留的原子核數目。也就是說，衰變原子的數目按照 e 的指數規律隨時間變化，而隨著放射的不斷進行，原子的放射強度也會依指數曲線下降。

那麼，什麼時候會達到半衰期呢？根據定義，半衰期代表原子核數只剩一半數量（$N_0 / 2$）所需要的時間，假設記這個時間為 $t_{1/2}$，那麼很容易可以算出：$t_{1/2} = \tau \ln 2 \fallingdotseq 0.69\tau$，所以半衰期並不等於原子平均壽命的一半。

西元 1885 年，德國心理學家艾賓浩斯（Ebbinghaus）研究發現，遺忘從學習之後立即開始，而且遺忘的過程並不是均勻的，最初遺忘速度很快，以後逐漸緩慢。他認為「保持及遺忘是時間的函式」，他選用了一些沒有意義的音節、毫無規律的字母組合作為記憶材料，計算保持和遺忘的數量和頻率，並根據實驗結果繪製出描述遺忘過程的曲線，即著名的艾賓浩斯遺忘曲線。

波蘭的科學家進一步研究得出，遺忘曲線描述了記憶的機率會隨時間下降的趨勢：

$$R = e^{(-t/S)}$$

其中，R代表記憶召回機率（記憶的可檢索性），S代表記憶痕跡的強度（記憶的穩定性），t代表時間。

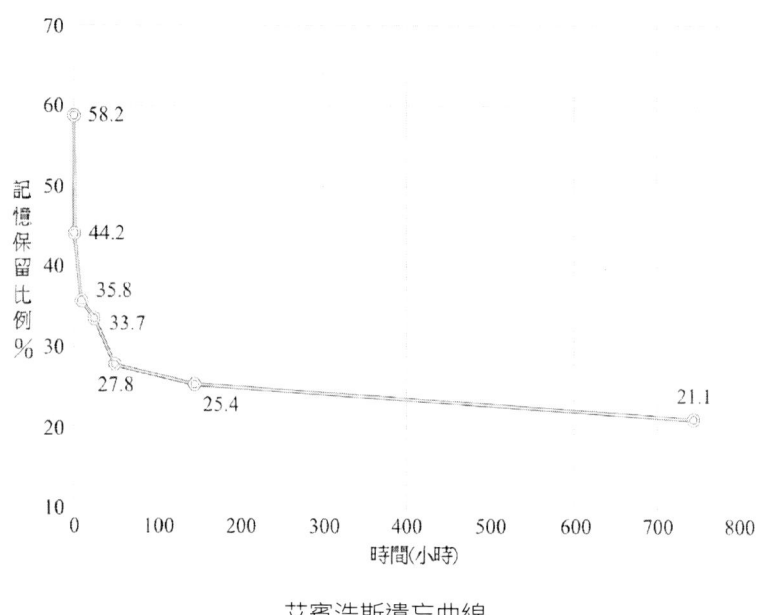

艾賓浩斯遺忘曲線

干擾是遺忘的主要原因，並解釋了它的指數性質。由於記憶干擾具自然隨機性，遺忘也是一個指數過程。所謂干擾主要發生在大腦神經網路中，新記憶覆蓋舊記憶的過程，即所謂追溯干擾。與此同時，如果舊記憶具高度穩定性，干擾也會造成新記憶形成的困難，稱為主動干擾。不同穩定性的遺忘率的疊加會使遺忘過程遵循冪次定律（Power law）。換句話說，真實的遺忘曲線是由不同複雜度的記憶混合在一起的，其所呈現的形狀與艾賓浩斯在西元1885年發現的記憶遺忘曲線比較相似。

自然常數 e 還有許多應用，例如，以 e 為底數的對數 $\ln x$（$x > 0$），就特別常用，許多式子公式都能得到簡化，因為用它是最「自然」的，所以叫「自然對數」，相對來說，以 10 為底數的對數反而不太常用。

4.3 梅森數及最大的數

人們總是對一些極端的事物充滿了好奇，例如最大的數。資料可以無限成長，因為任何一個數只要加上 1 就比它還大那麼一點。但我們總得要說出一個數，這個數巨大無比。

有一個數很有意思，叫做梅森數。17 世紀，法國著名數學家梅森曾對「2^P-1」型質數做過系統性且深入的研究，數學界將「2^P-1」型的質數稱為「梅森質數」，其餘的數稱為梅森合數。

梅森提出了著名的「梅森猜想」：$P = 2$，3，5，7，13，17，19，31，67，127，257 時，2^P-1 是質數；而 P 為其他所有小於 257 的數時，2^P-1 是合數。梅森所處的年代，即使驗證 $2^{257}-1$ 這樣的運算都是不可能的，因此當時還只是一個猜測（直到 1927 年，M257 才被證明不是質數）。現代科學家運用電腦可以輕易驗證前面的一些比較小的梅森質數，但又引出另一個新的問題，最大的梅森質數是什麼？梅森質數優美且極為罕見，堪比鑽石，而且越往後越稀疏。由於判斷是否為梅森質數，屬於一個指數運算問題，計算量異常浩大，尋找新的梅森質數成為數學界的一個趣題。

第一部分　探索資料演進的軌跡

美國密蘇里大學數學家庫珀所領導的研究小組，藉由成立一個「網路梅森質數大搜尋」的專案來尋找新的梅森質數，這是全世界第一個利用網路進行分散式運算的科學專案。1995 年年底到 1996 年年初，喬治・沃特曼（George Woltman）開發了一個梅森質數計算程式，並將它放在專案網站上供數學家與數學愛好者免費使用。這套演算法採取分散式運算，利用大量普通電腦的閒置計算資源來獲得相當於超級電腦的運算能力，並使用軟體來尋找梅森質數。然而，即便得到了全球數學愛好者的響應，要找到一個新的梅森質數平均也得花上兩到三年的時間。

激動人心的日子來臨了，2018 年 12 月 21 日，研究小組宣布，來自佛羅里達的志工於 2018 年 12 月 7 日發現了第 51 個梅森質數 M82,589,933，這個最大質數是把 82,589,933 個 2 相乘再減 1，即 $2^{82,589,933}-1$，位數長達 24,862,048 位。

如果說梅森質數還有點數學味道，其他一些數就純粹是人類的想像力產物。這個數的名字 —— 古戈爾（Googol），它的意思為 1 的後面有 100 個零，即 10 的 100 次方，這個單字是在 1938 年由美國數學家愛德華・卡斯納（Edward Kasner）的 9 歲姪子米爾頓・西羅蒂創造出來的。卡斯納在他的《數學與想像》（*Mathematics and the Imagination*）一書中寫下了這個概念。古戈爾應該夠大的了，不過馬上就可以想到，1 的後面如果有古戈爾個零，即 10^{googol}，這個數應該更大，它被稱為 googolplex。當然，再大的數肯定都可以創造出來，但已經失去實際意義了，

第一章　原始人的困惑

因為宇宙中所有基本粒子（以目前人類理解的「宇宙」以及「基本粒子」的定義範疇看待），據推測總共約有 10 的 80 次方個，使用每秒運算 10 億次的電腦，假定它從宇宙大爆炸時（距今約 137 億年）就開始運算，其運算總次數也不超過 10 的 100 次方次。所以，古戈爾就是現今可用的最大的數了，相傳 Google 公司（Google）的名字也是據此而來。

第一部分　探索資料演進的軌跡

第二章
伴隨文明而生的數據

　　一旦發明了數字，就有了數據的累積。人類原始計量萌生計數於當時的活動，由於生產力的提高與剩餘物資的出現，人類自身的生產發展得到了相對充足的物質保障，原始部落裡的經濟關係也變得複雜。此時僅憑人腦計數、記事以與及心算，已無法處理生產活動與合理地分配、儲備物品。因應這樣的客觀現實改變，人們不得不在頭腦之外的自然界去尋找幫助進行記事的載體，以及進行計數、記錄的方法，並把一些重要的數據記錄下來。曾經於中國山西峙峪人遺址中發現幾百件有刻紋的骨片，歷史學家認為那可能是用來計數的。

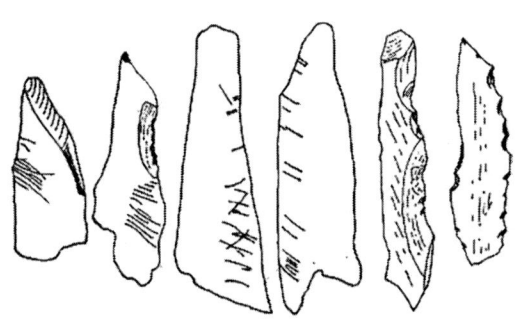

峙峪人遺址骨刻圖片

第一部分　探索資料演進的軌跡

1. 數據的定義

從「數」到「數據」，一字之差，意義卻差了不少。數字（digit）或者數量（number）是一個用於計數、測量、標記的數學元素，最原始的例子就是原始人數了數獵物計數，再向部落首領報告：今天打了 3 頭野豬。

而數據則是對事物的定量的觀測或者記錄的結果，表示的是事物的一種自然屬性。例如，自己部落裡有 29 個人，敵人部落則有 50 多個人，首領可根據這兩個數字判斷，若與對方打架的勝算有多少。然而，數據又是從計數發展而來的，人們學會了計數，才有可能建立數據的概念，才有可能記錄與儲存數據。隨著數位時代來臨，影像、聲音、影片等新的資料型態，極大豐富了資料的內容。

從詞源學上說，數據來源於拉丁文 dare，意指給予。表示數據的單字 data 是單字 datum 的複數形式，不管是單數、複數還是一組數，數據都是客觀事物的一種表示，是定性或定量變數的一組值。從這個意義上來說，數據是藉由測量或記錄等不同方式從現象中抽取出來的原始元素。它是從事實或觀察所得的結果，是對客觀事物的邏輯歸納，是用於表示客觀事物的未經加工的原始素材。

人們想獲得精確的數據，源於人的好奇心，還有更能精確

第二章　伴隨文明而生的數據

比較判斷的需求。例如「曹沖秤象」的故事，就是因為曹沖對大象的體重產生好奇心，想知道其具體數字，對這類新奇的動物就能有個比較完整的概念了。

數據從測量而來，經過蒐集、報告及分析，使用圖形、影像或其他分析工具進行視覺化展現。這些數據的概念還處於狹義的「數值」的範疇，通常應用於統計、計算或者科學研究相關。當進入資訊時代，數據又特指需要運用電腦運算的對象。早期的電腦主要用於科學計算，故其加工的對象主要還是表示數值的數字，故名電腦。現代電腦的應用日益廣泛，可處理數字、文字、字母、符號、圖像、影音等，資料的種類也變得複雜且多元。資料可以是連續的值，例如聲音、影像，稱為類比資料，也可以是離散的值，如符號、文字，稱為數位資料。

如今，資料的來源也相當多元，企業家關心公司的銷售、收入、利潤、成本、股票價格，政府關心管轄區域的犯罪率、失業率、人口數量，各行各業都在蒐集或生產資料。時至今日，甚至每個人的手機上都無時無刻不在感知和接收地理位置、天氣、交通、股票、社群媒體等資料。整個社會與每個個體都被龐大資訊流所包圍了。

在歷史長河中，任何一筆資料都是寶貴的，但能保存的資料非常有限。而今的大數據時代，資訊的價值得到了充分的重視，資料被稱為數位經濟時代的「新石油」。

第一部分　探索資料演進的軌跡

2. 泥板與簡牘上的資料

　　19 世紀上半葉，考古學家在美索不達米亞平原挖掘出大約 50 萬塊刻有楔形文字、跨越古巴比倫歷史許多時期的泥板書，其中有近 400 塊被鑑定為記錄著數字表格與數學問題的數學板書，顯示當時古巴比倫文明的數學已有相當成熟的發展。

　　古巴比倫的數學主要用於解決實際問題，從流傳下來的數學泥板中，發現了古巴比倫人使用的乘法表、倒數表、平方與立方表、平方根與立方根表。美國耶魯大學收藏的一塊編號為 7289 的古巴比倫泥板書上，載有 $\sqrt{2}$ 的近似值，用現代阿拉伯數字表示就是 1.414213，精確度非常高，顯示當時的巴比倫人已能夠非常精確地處理數值運算。

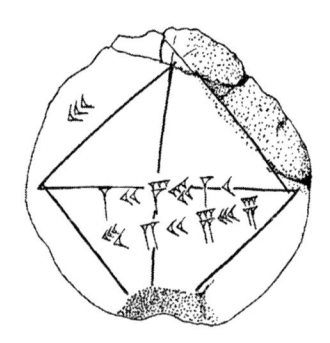

耶魯大學館藏 7289 號古巴比倫泥板書

注：這塊泥板上中間一行用楔形文字表示了 4 個數字 1、24、51、10，這四個數字為六十進制，表示的是 $1 + 24/60 + 51/60^2 + 10/60^3 = 1.41421296……$

第二章　伴隨文明而生的數據

萊因德數學紙草書(局部)

　　古埃及人也創造了燦爛的文明，他們用盛產於尼羅河三角洲的紙莎草，壓平晒乾以供書寫，稱為莎草紙。19 世紀，在埃及拉美西斯神廟附近的一座的廢墟中發現一捲莎草紙，為英國人萊茵德所購得，故被命名為《萊因德數學紙草書》(*Rhind Mathematical Papyrus*)，之後被遺贈給了倫敦大英博物館。全書分成三部分，即算術、幾何、雜題，共有 85 題。雖然它主要是傳授「數」的概念與分數計算，但也記載古埃及人在工作、日常生活中遇到的實際問題。如對勞動者酬金的分配、面積及體積的計算、不同穀物量的換算等，說明古埃及已有處理大量資料的能力。

　　早在四、五千年前，古埃及人已能掌握尼羅河氾濫的規律，並有效運用兩岸肥沃的土地。尼羅河氾濫，不但不會淹沒兩岸的村莊，反而能滋養土地，因為河水從上游帶來的大量礦物質與有機質，都沉積在尼羅河中下游兩岸的田野中，形成肥沃的土壤。當洪水過後，法老要重新分配土地，長期累積的土地測

量知識為王國施政提供保障。古埃及新王國第 20 王朝時期所撰寫的《維勒布爾紙草卷》，內容記錄當時中部埃及地區進行土地丈量的清單，並詳細列出各塊土地的主人、面積，租種者的姓名、身分、數量及應繳納的稅額。同樣於古埃及新王國第 20 王朝時期所撰寫的《哈里斯大紙莎草》（Great Harris Papyrus）長達 40.5 公尺，是迄今所知傳世最長的紙草卷，內容記錄了拉美西斯三世贈與各神廟的全部財產。這些詳細記載了資料的莎草紙文獻已經成為研究古埃及經濟史的重要史料。

簡牘是古中國在紙張發明之前，書寫典籍、文書的竹板或木板，是中國最古老的圖書之一。相對於紙張和絹帛，簡牘比較容易被保存，因此自古都是考古中的重要發現，例如，著名的「魯壁藏」、「汲塚書」等都是簡牘，但因為發現得太早，現在也已經見不到了。所幸又陸續出土了一批秦漢時期的簡牘，內容包羅萬象。

2.1 居延漢簡

單車欲問邊，屬國過居延。

徵蓬出漢塞，歸雁入胡天。

大漠孤煙直，長河落日圓。

蕭關逢候騎，都護在燕然。

—— 王維〈使至塞上〉

第二章　伴隨文明而生的數據

王維的這首著名古詩，寥寥幾筆，勾勒出塞上荒涼寥廓的景色，「大漠孤煙直，長河落日圓」更是千古名句。而其中的居延、蕭關、燕然 3 個地名，因為這首詩的流傳更增添滄桑感。居延，則是指居延海，漢時稱居延澤，唐時稱居延海，古時居延海一帶水草豐美，是漢朝出擊匈奴的前線陣地，今位於內蒙古自治區額濟納旗一帶。

居延因地處戰略要地，是當時邊塞的中心地區，漢武帝時設有都尉，歸張掖郡太守管轄，不僅築城設防，還移民屯田、興修水利、耕作與備戰，戍卒和移民共同屯墾戍邊，持續繁榮了 200 多年，而後又塵封千載。

1930 年，瑞典學者弗克·貝格曼（Folke Bergman）首先在居延長城烽燧遺址發掘出漢代木簡，隨後考古人員對漢代烽燧遺址進行調查挖掘，出土簡牘一萬餘枚，這批漢簡現存於臺灣。1972 年至 1976 年，考古隊又在居延地區進行全面性的挖掘，出土 19,637 枚簡牘，其中有紀年的漢簡就達 1,222 枚，由於挖掘方法得當，此次出土的簡牘不但數量多且比較完整，成冊的較多，有的出土時就連綴成冊，有的雖編繩腐朽了但仍然保持冊形，有些雖是散落狀態，但仍可拼合為一冊，對簡牘研究提供了極大的便利與準確性。此外，這些簡牘多數有紀年，內容連貫。

人們習慣將 1930 年代出土的稱為舊簡，1970 年代出土的稱為新簡，居延漢簡中新簡、舊簡共有 3 萬多枚。綜覽居延漢簡，內容廣泛，包含政治、經濟、軍事及科學文化等，其中記錄許

多準確的資料。例如，關於農田屯墾的紀錄，在居延漢簡中占較大比例，出現了許多諸如糧價、定量等方面的紀錄，例如「胡豆四石七斗」。還有戍卒領取口糧的簡文：「執胡燧長吳宗，粟三石三斗三升少，自取。侯史刑延壽，粟三石三斗三升少，自取。卒柳士，三石二斗二升少，自取。卒楊湯，三石二斗二升少，自取。卒李何傷，三石二斗二升少，自取。侯史延壽，馬食粟五石八斗，卒湯取。」這篇簡文提到了 5 個人：燧長吳宗、戍卒刑延壽、柳士、楊湯、李何傷，還有楊湯為刑延壽的馬代領，這些精確的數字對我們理解漢代軍隊的給養消耗很有幫助。

1974 年，在甲渠侯官遺址出土的是居延「防務警備令」的《塞上烽火品約》木簡 17 枚。「品約」是漢代文書的一種形式，主要用於同級衙署之間簽訂或往來文書。《塞上烽火品約》是居延都尉下屬的殄北、甲渠、三十三井這 3 處要塞共同訂立的聯防協議，包含臨敵報警、燔舉烽火、進守呼應、請求馳援等。例如，第十四條：「匈奴人即入塞，千騎以上，舉烽，燔二積薪；其攻亭鄣塢，壁田舍舉烽，燔二積薪，和如品。」意思是，如果匈奴來犯，不滿千騎，只燒一積薪；超過一千人，燒二積薪；兩千人以上，燒三積薪。藉由精準的數量紀錄，讓 2,000 年後的我們，可理解當年烽火臺如何控制火勢大小，以傳遞敵軍規模之訊息。

《建武三年居延都尉吏奉例》，其中記錄竇融任河西五郡大將軍期間，頒發予居延官吏的俸祿，文中記錄「居延都尉，奉谷月六十石」、「居延都尉丞，奉谷月卅石」、「居延令，奉谷月卅

第二章　伴隨文明而生的數據

石」等內容。都尉每月薪資 60 石糧食，都尉丞每月 30 石，縣令每月 30 石，三級官員的俸祿記得清清楚楚。

2.2 走馬樓三國吳簡

無獨有偶，1996 年 7 月至 11 月，於湖南省一處走馬樓建築工地內的 22 號古井中，也出土了數量巨大的簡牘，其屬於三國東吳時期，大致可分為木簡、木牘、竹簡三類，其中竹簡數量最多，估計超過 10 萬枚，文字量多達 200 多萬字。這批簡牘的內容十分豐富，展示有關三國時期吳國許多未曾知曉歷史資料，從已解讀的部分來看，主要是長沙郡與臨湘侯國（縣）的地方文書檔案，包括嘉禾吏民田家莂、司法文書、黃簿民籍、名刺、納稅、各種賦稅與出入倉庫的簿籍等。

這批簡牘中也出現了大量關於「數量」的記載，於 1999 年整理完畢的《長沙走馬樓三國吳簡・竹簡（一）》中，其內容收錄關於吳國的黃簿民籍及收支錢糧賦稅等情況，了解它們對研究當時的社會經濟狀況大有裨益。

2.3 里耶秦簡

西元前 200 年，在大秦帝國大廈將傾的一個月黑風高的夜晚，湘西龍山縣里耶古城突然受到攻擊。城破之前，官員緊急把大量重要文件，包括可長期保存的簡牘，都丟進水井裡。

第一部分　探索資料演進的軌跡

　　22個世紀後，這批簡牘成為不朽的寶藏。2002年6月，因水利工程而進行的搶救性挖掘作業時，於里耶鎮一號古水井中出土3萬多枚秦簡，相比歷代累積的6,000多枚秦簡，堪稱奇蹟。

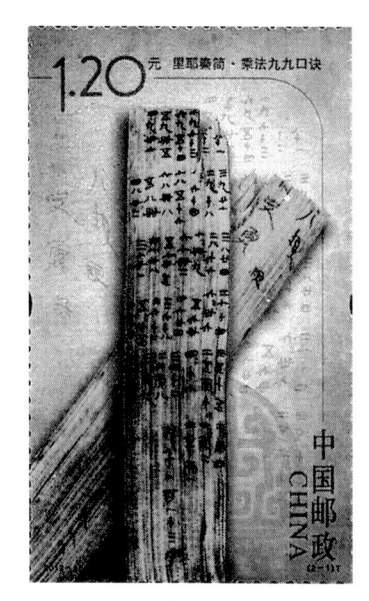

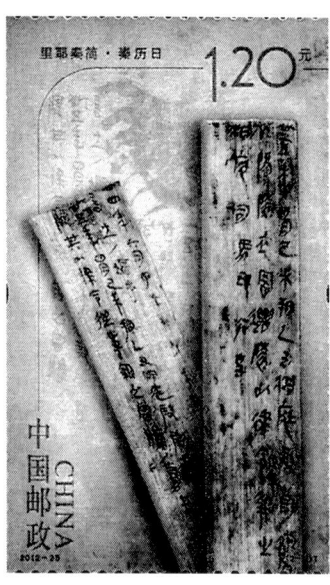

《里耶秦簡》九九乘法口訣簡（郵票）

　　這些簡牘直接或間接地記錄了秦朝統一六國後，關於軍事、政治、經濟、文化等各方面，與百姓生活密切相關的大小事的細節。例如，關於秦代的戶口規模，現代人很難有具體了解，但秦簡卻有著明確的紀錄。遷陵縣下轄都鄉、啟陵鄉、貳春鄉等3個鄉，據簡牘記錄，秦始皇三十二年遷陵縣登記在冊的戶口總數為55,534戶，到了秦始皇三十五年時，貳春鄉的戶口數就有21,300多戶。統一戰爭剛結束沒多久，南方山地的一

個縣或鄉的戶口竟然如此之多,實在是出人意料。作為官方的行政資料,秦簡紀錄是很可靠的。所以,秦始皇三十二年的遷陵縣有 5 萬多戶人家,應是確鑿無疑的事實。

這批秦簡中,記錄著 2,000 多年前的乘法口訣「六八四十八、七八五十六」等,是中國目前發現最早、最完整的乘法口訣表實物,說明早在秦朝,中國人對於乘法交換律已能熟練運用於社會生活所需的各種計算。這枚珍貴的竹簡,已被印製成郵票發行。

2.4 張家山漢簡《算數書》

《算數書》是目前所發現最具數學價值的一部漢簡——,此珍貴文獻早已失傳許久。《算數書》比著名的《九章算術》還要早 150 多年,其內容也與《九章算術》類似,採用問題集的形式,由一個個算題及其解答組成。《算數書》中的許多題目都貼近實際應用,其中所用的數據未必完全精確,卻也應該符合當時的常識,因此作為對漢代初期經濟活動的紀錄,對研究漢初社會經濟狀況具有非常高的史料價值。以下為自文獻中摘錄的幾個有趣的例子。

關於古代的物價,《算數書》說:「今有鹽一石四斗五升少半升,買取錢百五十欲石率之,為錢幾何?」答:「百三錢四百三十六分錢九十五。」這裡是說一石食鹽的價格是一百零三錢四百三十六分錢九十五,古代一石等於十斗,一斗等於十

升,也就是一斗鹽價格為十錢左右。再來看看米價,《算數書》中也有記錄:「粹米二斗三錢,糲米三斗二錢。今有糲、粹十斗,賣得十三錢,問糲、粹各幾何?」答:「粹七斗五分三,糲二斗五分二。」又寫道:「米鬥一錢三分錢二,黍鬥一錢半錢。」這裡明確地告訴我們,即使是在 2,000 年前漢初的生活中,不同等級的米,價格差別也是很大的。顯然精細的粹米比粗糙的糲米要貴了不少。而當時的鹽價大約相當於最優質的粹米價格的六倍多,可見當時的鹽來之不易。

《算數書》還記錄當時的合夥經營制度(股份制):「三人共買材,以買(價)一人出五錢,一人出三錢、一人出二錢。今有贏(盈)四錢,欲以錢數衰分之。出五錢者得二錢,出三者得一錢五分錢一,出二者得五分錢四。」親兄弟,明算帳,算得很準確。還有關於貸款利息的計算問題:「貸錢百,息月三。今貸六十錢,月未盈十六日歸,計息幾何?」答:「廿五分錢廿四。」這裡不只說明貸款利息(「息月三」),居然還有提前還款的情形(「月未盈十六日歸」),顯示出漢朝初年的經濟運作模式已經相當發達了。

這些塵封於地下的簡牘,其作者可能僅是當時身分卑微的會計、簿記員等小吏,卻不經意間為後人留下資料,展現了歷史最真實的一面。

3. 從算術到數學

算術是數學中最古老、最基礎及最初階的部分，所研究的是數的性質及其運算。古人把數和數的性質、數和數之間的四則運算在應用過程中的經驗累積起來，並加以整理，就形成了最古老的一門數學——算術。

「算術」這個詞，在中國古代是全部數學的統稱。唐代國子監內設立算學館，設博士、助教指導學生學習數學，唐高宗顯慶元年，規定《周髀算經》、《九章算術》、《孫子算經》、《五曹算經》、《夏侯陽算經》、《張丘建算經》、《海島算經》、《五經算術》、《綴術》、《緝古算經》等從漢朝到唐朝一千多年間的十部著名數學著作為國家最高學府的算學教科書，用以進行數學教育和考試，後世統稱為「算經十書」。

《周髀算經》

前面所列的十部算書中，以《周髀算經》為最早。《周髀算經》原名《周髀》，是中國最古老的天文學與數學著作，約成書於西元前1世紀，但不知道作者是誰。《周髀算經》主要闡明當時的蓋天說及四分曆法，以最簡便可行的方法建立天文曆法，揭示日月星辰的運行規律，涵蓋四季變換、氣候變化、南北有極、晝夜交替的自然法則。

第一部分　探索資料演進的軌跡

　　《周髀算經》第一部分為商高問答,曾作為《周髀算經》的獨立部分,完成時間約西元前 11 世紀,應該在西周初期,書中介紹勾股定理與實際在測量上的應用,與如何於天文計算的應用。然而,對勾股定理沒有進行推論證明,正式提出證明是三國東吳人趙爽,他於《周髀算經》中的《勾股圓方圖注》作注釋。

《九章算術》

　　《九章算術》是十部算書中最重要的一部。它對古代數學發展產生深遠影響,此後的一千多年間被當作數學教育的教科書。《九章算術》的確切作者已不得而知,而西漢初期著名數學家張蒼、耿壽昌等人都曾對它作過增訂刪補。因此,《九章算術》是在長時間中歷經多次修改形成的,其中的一些演算法可能早在西漢之前即已發明。

　　《九章算術》記錄當時世界上最先進的分數四則運算與比例計算法。書中記載解決各種面積與體積問題的計算,及利用勾股定理進行測量的各種問題。代數是《九章算術》最重要的貢獻,書中記載平方與立方的計算方法,並且提出一元二次方程式的解題技巧。在同一章節中,記載了負數的概念,並說明正負數的加減運算法則。

　　《九章算術》建立了中國古代數學的架構,主要以應用計算為中心,符合實際需求,解決人們工作、日常生活中的數學問題。它對中國數學著作影響很深,主要有兩種形式:為之做注,

第二章　伴隨文明而生的數據

或仿其體例著述。甚至在西方數學傳入中國後，學者著作時還會把西方數學的知識也納入九章的架構中。

然而，《九章算術》也有不容忽視的缺點，即是書中未對所使用的數學概念作出明確定義，也缺乏推導與證明的過程。直到劉徽於魏景元四年為《九章算術》做注，才彌補了這個缺陷。

《孫子算經》

《孫子算經》約成書於西元四、五世紀，作者生平與著作年代皆不清楚。現今流傳下來的《孫子算經》共3卷。上卷主要討論度量衡的單位，珠算的制度與方法，包括圓周率約等於三（週三徑一）、$\sqrt{2}$ 約等於 1.4（方五斜七）等一些基本常數；中卷主要是關於分數的應用題，包括面積、體積、等比數列等計算題；下卷「雞兔同籠」、「物不知數」等著名數學題目，對後世的影響深遠。

《五曹算經》

《五曹算經》是一部專為地方行政人員撰寫的應用算術書，作者不詳，有人認為其作者是甄鸞。歐陽脩《新唐書》卷五十九〈藝文志〉有：「甄鸞《五曹算經》五卷」，其他各書也有類似的記錄。

全書共收錄 67 個問題。分為田曹、兵曹、集曹、倉曹、金

曹 5 個項目，所以稱為「五曹」算經。書中對問題的解法淺顯易懂，數字計算也盡可能避開分數。

《夏侯陽算經》

《夏侯陽算經》原書早已失傳，應是北魏時期的作品，北宋元豐九年所刻《夏侯陽算經》是唐中葉的一部算書，引用當時流行的乘除速算法，解決日常生活中的應用問題，保存許多數學史料。書中說明乘除的速算法則、分數運算規則，並解釋「除法」、「長除法」、「約分」、「平方」及「立方」等計算方法。另外，推廣十進位小數的應用，計算結果有餘數時，為表示一文以下的小數數值，常借用原本用於長度單位的名稱，如「分」、「厘」、「毫」或「絲」以代表十進位的不同位數。

《張丘建算經》

《張丘建算經》的作者是張丘建，大約於 5 世紀後期所著作的，討論等差級數、最大公約數、最小公倍數等應用問題。而最後一題是著名的百雞問題：「今有雞翁一，直錢五，雞母一直錢三，雞雛三直錢一，凡百錢買雞百隻，問雞翁、雞母、雞雛各幾何？」這是中國數學史上最早出現的不定方程式（Indeterminate equations）。自張丘建以後，中國數學家對百雞問題的研究不斷深入，百雞問題幾乎成為不定方程式的代名詞，從宋代到清代，對百雞問題的研究成就斐然。

《海島算經》

《海島算經》是三國時期劉徽所著的。這部書中講述的都是利用標準進行兩次、三次，最複雜時進行四次測量，以解決各種測量的數學問題。這些測量方法正是中國古代高度發展的地圖學所仰賴的重要數學基礎。此外，劉徽對《九章算術》所做的注釋也是很有名的，可將這些注釋看成《九章算術》中演算法的證明。「割圓術」的發明，是劉徽開創中國古代圓周率計算的重要方法，他還首次把極限概念應用於解決數學問題。

《五經算術》

《五經算術》由北周甄鸞所著，共兩卷。將儒家經典與其古注中與數字有關之處詳加注釋書中，選用書籍包括《易經》、《詩經》、《尚書》、《周禮》、《儀禮》、《禮記》、《論語》、《左傳》等，對研究經學的人有一定的幫助，但若論數學內容，其價值有限。

《綴術》

《綴術》是南北朝時期著名數學家祖沖之的作品。可惜，這部書在西元 10 世紀前後失傳了，大約是唐宋之際。而宋代刊刻「算經十書」的時，用當時找到的另一部算書《數術記遺》作補充。

第一部分　探索資料演進的軌跡

《緝古算經》

《緝古算經》的作者是王孝通。唐武德八年五月，王孝通在長安所撰寫成書的《緝古算經》，是中國現存最早專門解三次方程式的數學著作。全書一卷共20題。第1題為推求月球赤緯度數，屬於天文曆法方面的計算問題；第2題至14題是修造天文臺、水壩、開挖溝渠、及建造倉庫與地下室等土木和水利工程的施工計算問題；第15題至20題則是勾股定理的問題。書中所列的問題，反映出當時開鑿運河、修築長城及大規模城市建設等土木與水利工程施工計算中的實際需求。

《數術記遺》

《數術記遺》是東漢時期徐嶽編撰的一本數學專書。《數術記遺》以問答的形式收錄了14種古演算法，第一種叫「積算」，就是當時通用的籌算。還有太乙算、兩儀算、三才算、五行算、八卦算、九宮算、運籌算、了知算、成數算、把頭算、龜算、珠算及計數等演算法。除了第14種「計數」為心算，無須算具外，其餘13種均有計算工具，僅珠算仍沿用至今，其他均已失傳。在這部書中，徐嶽首度記錄算盤的樣式，這也是中國乃至世界歷史上，第一次以珠算命名。

上述著作所使用的名稱是「算術」，而不是「數學」，不僅是名稱上的差異，更反映出古代東方與西方對數學本質認知的不

同理念。算術看重的是如何解決實際的計算問題，包括計算方法、計算速度及準確度等，卻忽略對數學的本質探討，而數學看重數學對象之間的關係，強調以嚴謹、系統、整體性的模式分析數學問題，注重證明過程、結構性、關聯性、集合觀念及抽象層次的理解。

　　考古學家發現，古巴比倫人是具有高度計算能力的數學家，他們的計算是藉助乘法表、倒數表、平方表、立方表等數值表。他們在幾何測量方面累積大量觀察與實務經驗，並應用於工作、日常生活，但還沒有到發展成理論體系。

第一部分　探索資料演進的軌跡

第三章
資料規範國家治理

　　古人記錄數字是要用於管理社會與國家，山東省武梁祠西壁的伏羲圖，人首蛇身的伏羲與女媧尾巴纏在一起，伏羲拿著矩尺，女媧拿著圓規，旁邊還刻著一行字：「伏羲倉精，初造王業，畫卦結繩，以理海內」，意思是伏羲氏擔任部落首領時，藉助八卦與結繩計數、勒石記事等方法管理部落事務。事實上，這種做法與現代的會計記帳制度已有相當程度的相似之處。

1. 書契治國

　　原始社會末，隨著父系氏族社會經濟的進一步發展，人們在工作執行中發現，簡單刻記與結繩計數的方法，已無法滿足日益複雜的社會經濟發展需求，便開始摸索創造出一種新的記錄方法，便是「書契」。先秦時代的《周易‧繫辭下》中說：「上古結繩而治。後世聖人易之以書契。」書契可理解具契約性質的文件，經過嚴謹記錄的文字資料。書契讓政府官員能夠規範行政治理，百姓能夠藉此作量化觀察，象徵社會已進入資料管理

的時代。

古埃及《萊丁紙草》記載了埃及中王國末期官吏向農民逼交租稅的情況:「王家的官吏盤腿坐於席上,面前擺著紙草卷,一個個農民依序交稅算帳。一些箱子裡放著徵稅表格,上面填著農民的姓名、土地數量、牲畜頭數⋯⋯,另一些箱子裡放著農民欠債的表格⋯⋯」這些紙草卷也可以看作書契,說明當時的埃及王國也已開始用資料管理國家。

書契的重要作用是記帳。伴隨著文字的出現,人類社會開始進入文字敘述式(也稱敘事式)記帳方法的階段,並已展現出單式記帳法的基本特徵。這個階段,人們對帳目的記錄還沒有統一的規範,只是採用行文方式把每筆帳目的基本資料記錄下來,用字較多,語句冗長,敘事力求詳盡而不顧及簡練,因此會計史研究者將此稱為敘述式會計記錄。文字敘述式會計記錄法是世界各國都曾運用過的一種方法。

隨著國家的出現和發展,國家經濟與財政也越來越複雜,由中央政府與各級地方政府進行的以國家財產物資和經濟活動為對象的記錄和會計工作成為國家治理中的重要成分。

在這個過程中,記帳過程越來越嚴謹,逐漸形成了一套記帳規範,使記錄的資料也越來越精確。《周禮》一書中,所有貢賦的徵收統稱為「入」,而各種費用的開支則統稱為「出」。「入」與「出」這兩個動詞成為當時人們處理經濟收支事項、談論王朝經濟的正式用語,表示當時已經有專門的會計部門對王朝經濟

第三章　資料規範國家治理

收支事項進行處理，圍繞著日常財政事務進行會計核算。

秦國透過著名的商鞅變法奠定了國家強大的基礎，而在商鞅與其後學的著作《商君書》中，對於商鞅變法的理論基礎，其中有很完整的資料管理思想。《商君書‧去強》一篇中提到：「強國知十三數：竟內倉、口之數，壯男、壯女之數，老、弱之數，官、士之數，以言說取食者之數，利民之數，馬、牛、芻藁之數。欲強國，不知國十三數，地雖利，民雖眾，國愈弱至削。」這裡所說的「國十三數」，說明國家強盛的根本，需掌握糧倉數目、人口數量、馬牛草料的數量，人口架構中成年男女、老人、兒童的數量，還有不從事生產的人口數量，包含官員、遊士、說客、商人等。當這些資料蒐集完成後，執政者方能對國家物力與生產能力做出準確判斷。

中國古代會計記錄方法的變革是在春秋戰國時期，主要轉變是從文字敘述式的會計記錄，轉變為定式簡明會計記錄。所謂定式簡明會計記錄，指一種使用科學又簡要的方法所進行的會計記錄。由於當時紙尚未發明，大量的帳務被記錄在簡牘上，由於記帳格式的規範化與簡明化，一筆經濟收支記錄可用一枚簡牘記錄完畢，多則兩枚簡牘，經濟收支事項的紀錄可做到更加系統化與細緻。近年來，大量出土的漢簡，呈現古代一筆筆細緻有趣的帳務，讓後人可藉由資料觀察當時社會發展的真實情況。

從《居延漢簡》等文物中保存下來的會計記錄可看出，當時

第一部分　探索資料演進的軌跡

官方對會計記錄的格式,可能已做出統一規定。在不同地方、財計部門及會計人員所記錄的會計帳簿中,所用的會計符號、記錄的內容、在每筆會計記錄中各部分的排列順序與整個會計帳簿記錄的組合規定等,基本上都是一致的。

《居延漢簡》中同一枚簡牘的正反兩面,分別編號為「九八〇A」與「九八〇B」,其文字內容來自中國考古研究所編撰的《居延漢簡》解釋文字。它全面反映當時會計帳簿登記方法,表現西漢官員會計帳簿記錄的實際情況,是漢簡中難得的典型例子。

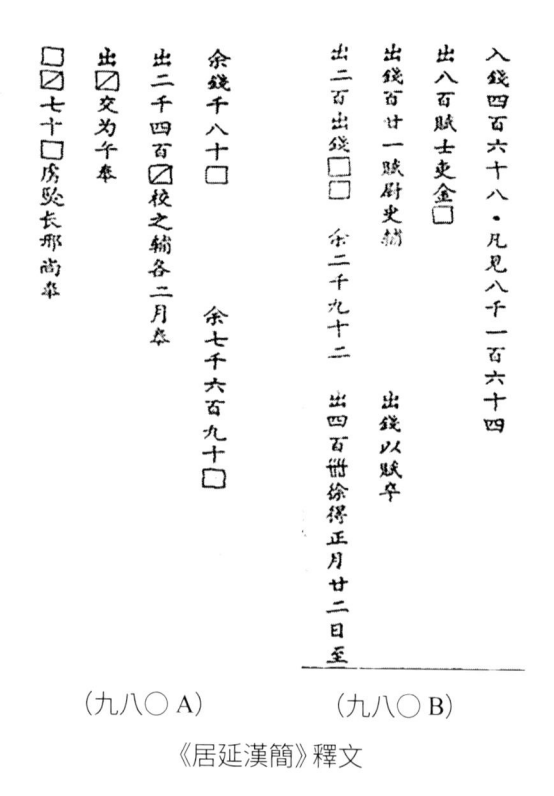

（九八〇A）　　　（九八〇B）

《居延漢簡》釋文

第三章 資料規範國家治理

定式簡明會計記錄方法由秦代發明，經過兩漢、唐、宋幾個朝代的發展、演進，到明代已達到比較完善的地步。明代政府從中央到地方對會計記錄的處理、官方的經濟資料中的常用術語，已達到標準化。

中國自古以來便有重視修史的傳統，且對國家治理與經濟活動中的吃廖都有認真的記載。歷代正史所保存的文獻資料，是我們了解古代社會的重要參考。例如，秦田律規定「頃入芻三石，稾二石」，即每頃土地應向國家繳納飼草三石、禾稈二石，此為關於稅賦政策的明確記載。

司馬遷《史記》開創的紀傳體編史方法為後來歷代「正史」所傳承，分為十二本紀、三十世家、七十列傳、十表、八書。其中「八書」是《禮》、《樂》、《律》、《歷》、《天官》、《封禪》、《河渠》、《平準》這8篇，其內容對古代社會的經濟、政治、文化各個方面有專題記錄與論述。《史記》中收錄的《平準書》敘述西漢武帝時期實施平準均輸政策的由來。所謂「平準均輸」，是指在漢武帝時期推行的經濟政策，由大農令孔僅與桑弘羊提出，主張國家在各地統一徵購與運輸貨物。在中央主管國家財政的大司農之下設立均輸官，把應由各地運輸到首都的物品轉運至國家各處販賣，從而增加政府收入，抑制商人壟斷市場。平準法是國家平衡物價的政策，在首都與主要城市設立平準官，利用均輸官所存的物資，根據物價，高價時拋售，低價時收購。實行均輸法與平準法使首都可掌握大部分的物資，得以平抑市場

的物價,打擊富商大賈囤貨、壟斷市場的行為。說明當時國家對經濟的治理已高度成熟。

從《平準書》開始,歷代史書中多設有專門記錄經濟事務的章節,《漢書》始稱《食貨志》,《食貨志》有著相當高的史料價值,為研究中國歷代經濟財政的參考史料。此後的正史中《食貨志》篇章逐漸增多,如《宋史》、《明史》中《食貨志》有二十餘類子目,分別記述田制、戶口、賦役、漕運、倉庫、錢法、鹽法、雜稅、礦冶、市糴、會計(國家預算)等制度,為了解歷代政府的經濟政策,與當時社會經濟狀況提供了重要史料。

使用資料精確地治理國家,是大國得以強盛的根本,古代的官員已具備這樣的認知。明朝弘治年間,禮部尚書、文淵閣大學士邱濬在他的著作《大學衍義補》,於〈漕輓之宜〉篇中詳述海運提議。邱濬把海運漕糧的紀錄逐年整理,詳細統計運量、實際到達量與途中損失量等資料,藉由對比漕運和海運的成本、運量等因素,得出海運比河運損耗小的結論。他主張應將海運作為漕運的必要補充,並進一步認為海運的風險相較於其帶來的利得,實是微不足道的。

明代著名學者徐光啟所著的《農政全書》,其中記錄的〈除蝗疏〉是中國最早的防治蝗蟲的專著。徐光啟首先採用量化統計的方法,對史書中明代以前蝗災的紀錄進行統計分析:「春秋至於勝國,其蝗災書月者一百一十有一,書二月者二,書三月者三,書四月者十九,書五月者二十,書六月者三十一,書七月

者二十,書八月者十二,書九月者一,書十二月者三。」這段話可用下表的數列表示。

月分	1	2	3	4	5	6	7	8	9	10	11	12	合計
次數	0	2	3	19	20	31	20	12	1	0	0	3	111

徐光啟對史書中記載蝗災次數的統計

根據各月分蝗災統計,徐光啟找出了蝗災容易發生的季節與滋生地的位置。以此向皇帝上書,提出這樣精確的統計資料與詳盡的分析結果,一定令當時的崇禎皇帝印象深刻。

2. 人口普查,古已有之

在生產力低下的中國古代,人力就是主要生產力來源,所以歷代統治者十分重視戶口登記,作為鞏固統治的重要手段之一。此外,為了因應政府徵稅、抽丁的需求,掌握人口數據已經成為一項重要的施政工作。因此,國家制定專門法令,設有專責機構與專職人員執行戶口登記與管理。

其他國家也不例外,伯利恆是巴勒斯坦的中部城市,面積不大、人口不多,但卻舉世聞名。因為這裡是 2,000 年前耶穌誕生的地方。只是耶穌為什麼會降生在伯利恆呢?,這背後其實就有一個人口普查的故事。

當時,伯利恆隸屬於古羅馬帝國,正值古羅馬皇帝凱薩‧

第一部分　探索資料演進的軌跡

奧古斯都時代，出於徵稅的目的，奧古斯都下令在古羅馬帝國進行全境人口普查，所有公民均須回到自己的家鄉登記戶口，以便依據其收入與財產狀況作課稅與服兵役。若有拒絕登記戶口的，可能被賣作奴隸。所以，約瑟便帶著懷有身孕的妻子馬利亞，從他們居住的拿撒勒啟程，準備回老家伯利恆登記戶口。

油畫〈伯利恆的調查〉

注：此畫由老彼得‧布勒哲爾 (Pieter Bruegel de Oude) 作於西元 1566 年，現收藏於比利時皇家美術博物館。

當約瑟和妻子到達伯利恆，卻發現旅館已全部客滿，他們只好在一間馬廄裡過夜，這天夜裡馬利亞生下了耶穌。一幅名為〈伯利恆的調查〉(*The Census at Bethlehem*) 的油畫，以寫實

第三章　資料規範國家治理

的手法描繪出，約瑟和馬利亞於傍晚時分抵達伯利恆的場景。畫面左邊的鄉村小客棧門前的窗口，設有人口普查登記處，早已擠滿了等候登記的人們。畫的中下方，一位女子騎著驢子，她正是懷孕的聖母馬利亞，而牽驢的男子肩上還扛著一把大鋸子，就是木匠約瑟。

羅馬早在共和時期，就常不定期的作人口基本情況調查，公民需向政府申報諸如年齡、家庭成員與財產狀況等重要資訊。根據孟德斯鳩《羅馬盛衰原因論》的記載，羅馬共和國剛建立時，全國居民總數為44萬，其中成年公民約占1／4（11萬人）。古希臘歷史學家波利比烏斯（Polybius）的《歷史》（history）中提到，西元前265年（第一次布匿戰爭前夕）羅馬的成年公民人數約為30萬。

到了共和末期，羅馬對大規模的人口普查更加重視。於西元前48年，著名的凱撒大帝頒布《朱理亞自治城市法》，於義大利半島展開規模較大的人口普查。這項工作或交由地方行政首長負責，或委派代理長官主持進行，主要調查重點是財產登記。凱撒大帝推動的人口調查，為羅馬帝國初期全面實施人口普查制度，累積重要的實務經驗。

人口普查制度為羅馬帝國的統治者提供明確資料，作為治理國家的依據：帝國有多少臣民，疆域有多大，資源分布狀況等資訊。據統計，西元前28年到西元14年，42年間，羅馬公民人數增加了約87.4萬人，平均年成長率約為5%。更重要的是，

第一部分　探索資料演進的軌跡

人口普查制度提供帝國建立收取稅款、徵收貢賦等制度的基礎。

1996 年，考古學家在湖南長沙走馬樓出土的文物，三國時期吳國的簡牘十餘萬片，文字多達二百餘萬字，為研究三國時期吳國社會經濟歷史提供珍貴資料。當時正是孫權掌握東吳之時（西元 235 年）史料中精確的紀錄，將塵封於歷史中的人口普查鮮活地展現在我們面前。

司馬遷在《史記》中記載，大禹創立夏朝時「撫有民千三百五十五萬」，這是中國現存最早的戶口統計數字，也是世界最古老的人口統計數字之一，當時統計人口總數約為 1,355 萬人，但資料的可信度須審慎考慮。

周朝設有專管戶籍的「司民」之官，並建立了比較嚴謹的戶籍登記與管理制度。中國現在所能見到的有關人口調查的最早歷史記載，就是約西元前 800 年，由周宣王所實施的「料民」，即戶口登記。當時政府制定賦稅、徭役，劃分行政區域，皆以戶口為依據。戶口其實是一個複合詞，是居住戶和人口的總稱，計家為戶，計人為口，自古沿用至今。

春秋戰國時，戶口制度出現顯著的發展。春秋時期的魯、齊、衛、吳、越等國，採用「書社」制度，以 25 家為一社，稱為「社之戶口，書於版圖」，此為當時的戶口制度。

中國古代王朝非常重視人口的成長，秦國統一天下後，實施貨統一幣和度量衡，車同軌、道同距等一系列有利於統一的政策，使秦國經濟產生明顯的發展，國土面積也隨之擴展，人

口在此期間呈現快速成長的趨勢。

西漢王朝是另一個實施大一統朝代，由於局勢穩定，社會經濟穩定發展。西漢頒布的《九章律》，其中一項就是「戶律」。按照戶律，朝廷藉由編制戶籍掌管全國人口。官府徵收租賦、徭役及兵役時，均依據戶籍辦理。由於戶籍是當時的主要管理依據，土地情況也會附帶登載於戶籍簿中，因此戶籍又同時具備地籍與稅冊的作用。正因西漢有這樣一套比較完備的戶口管理制度，其人口統計資料得到了歷代史學家的認可，《漢書》中記載西漢平帝元始二年（西元2年），全國戶數已超過1,200萬，人口5,900多萬。此時期的中國人口數量相當於同時期羅馬帝國的十倍以上，為中國人口發展史上的第一個高峰。

然而，到了東漢末期，農民起義此起彼伏，中國進入歷史上有名的亂世。多年的戰亂生靈塗炭，人口遽減。西元3世紀初，進入魏、蜀、吳三國鼎立時期，全國人口總數的官方統計降至歷來的最低點，魏國504萬人，蜀國128萬人，吳國256萬人，合計僅868萬人。

隋朝建立後，雖然經濟恢復較快，但由於政權更迭，大業五年（西元609年）全國在籍人口只成長至4,602萬人。直到唐朝時期，政治趨於穩定，生產發展迅速，天寶十四年（西元755年）的登記人口為5,292萬人，戶數則不過900萬，每戶平均五至六人。

宋朝雖然在政治上較為軟弱，但經濟上卻有顯著發展，尤

第一部分　探索資料演進的軌跡

其南方生產力發達，農業、手工業及科學技術均達到當時世界的先進水準。北宋後期全國實際人口已達一億，若宋金人口合計，總人數已超過一億，成為中國歷史上人口數量的高峰。此時，中國人口分布還發生顯著的變化，根據宋神宗元豐三年（西元 1080 年）的戶口統計，北方人口約占 37.3%，而南方人口占 62.7%，顯示人口重心已移至長江中下游。然而，宋朝末期，由於戰亂，人口總數再次大幅下降，至元朝二十八年（西元 1291 年），全國人口總數已下降至 5,985 萬，相較宋朝人口高峰期減少 40% 以上。

到了明朝初年，中國建立系統性的人口普查制度——戶帖制度，此制度為戶籍（人口）調查制度，就調查項目而言，相較羅馬的人口調查更為全面與完整，與十七、十八世紀資本主義國家舉辦的「人口普查」做比較也毫不遜色，基本上與現代人口普查一致。明朝洪武十四年（西元 1381 年），朝廷開始制訂更為完善的賦役黃冊，因此戶帖制度逐漸廢止。明朝洪武二十六年（西元 1393 年）全國的登記人口為 6,055 萬人，到了永樂元年成長至 6,660 萬人。由於人口的大幅成長，使得明朝墾田也跟著擴大，社會相對穩定。明中葉以後，隨著經濟發達，資本主義開始萌芽，與人口成長也存在密切關聯。

清朝統計人口的單位為丁口，也是徵收丁銀，分派徭役的依據。男子自十六歲至六十歲稱丁，婦女稱口，合稱丁口。清初時期，人口統計僅計算「丁」（16～60 歲男性），但丁數

多有隱漏，所以順治十二年（西元 1655 年）全國登記人口僅有 1403 萬丁。乾隆五年（西元 1740 年）以後，清政府推行保甲戶口統計法，改變以前每 5 年一次作人口資料重整時，僅統計男性（丁）不計女性（口）的做法，將二者分別登記並統計，合稱丁口。乾隆二十七年（西元 1762 年）全國登記人口總數達到 2 億，乾隆五十五年（西元 1790 年）超過 3 億，道光二十年（西元 1840 年）達到 4.13 億，成為中國人口發展的第三個歷史高峰。

3. 統計 —— 關於「國家」的學問

　　統計是一個古老的詞，古代的統計工作主要是提供政府管理國家政務的資料，用資料呈現國家相關資訊，此作法最早可追溯到亞里斯多德的「國家政務論」，由於「統計學」（statistics）與「國家」（state）的英文源於同一字根，即是二者間具密切關係的明證。古代多數文明國家，因為軍事與財政的需求，曾制訂大規模的統計資料，以掌握國家的人力與物力資源。

　　古羅馬與中國古代所實施的人口普查，實際上已經具備統計的特質了，正是在這些關注國家經濟、人口的資料統計工作中，逐漸發展完善出了現代統計學。

　　中國同樣也是世界上最早系統性實施統計工作的國家之一。《史記・夏本紀》中明確記載「禹平水土，定九州，計民數」，雖

第一部分　探索資料演進的軌跡

然此紀錄的真實性有待商榷,但說明當時政治管理已具備了粗略統計人口的政治條件和數理知識。《資治通鑑・漢紀》中記載「蕭何獨先入收秦丞相府圖籍藏之,以此沛公得具知天下厄塞、戶口多少、強弱之處」,表示秦朝已有系統性的統計資料,對國家的地理、人口皆有詳實的統計數字(天下厄塞、戶口多少)。劉邦還任命蕭何「計關中戶口」,實地統計人口數目。

此外,中國還建立了系統化的統計單位。唐明宗設「度支」(負責財政支出統計)與戶部「三司」(統一掌管朝廷財政)。宋代持續沿用並完善三司制度,由三司掌管天下各種田賦、丁稅、商稅、礦稅、酒稅等財政收入,官俸、衣糧、軍費等財政支出,當時稱為「計省」,其長官為三司使,直接對皇帝負責,故被稱為「計相」,意即掌管國家財政的宰相。

中國古代建立制度化的統計資料上報制度,地方政府向中央朝廷上報稱為「上計」,皇帝聽取地方政府的報告稱為「受計」,報送的統計資料稱為「計簿」。計簿內容包括地方政府一整年的租賦、刑獄、選舉等情況,上計最初是由皇帝或丞相親自接收計簿,到了西漢末至東漢,改由大司徒受計。朝廷根據計簿對地方官員進行考核,有功者給予獎賞,有過者依法懲罰。各地方政府所上計的資料,最後集中到丞相府,由計相對這些計簿存檔與保管。

然而,長期以來,中國史料中未曾出現「統計」一詞,似乎「有統計之實,無統計之名」。直到清末光緒年間,西風東漸,

第三章　資料規範國家治理

「統計」一詞作為學科名詞才從日本傳到中國。後來,「統計」專指對與特定現象相關資料的蒐集、整理、計算、分析、解釋、表述等一系列的過程。

遺憾的是,像其他許多學科一樣,中國雖早已建立統計制度與實務規範,卻沒有發展出完整的統計理論體系,因此在現代統計科學理論體系中無法占有一席之地。目前國際上普遍認為,現代統計學源自西方,其學理研究淵源始於古希臘的亞里斯多德時代,迄今已有 2,300 多年的歷史。

與中國古代統計發展一樣,西方的統計也源於研究社會經濟問題。統計一詞的英文語源最早出現於中世紀拉丁語中的 Status,意指各種現象的狀態或狀況。由這一字根組成的,義大利語中的單字 Stato,表示「國家」的概念,也含有國家結構與國情知識等意涵。根據這一字根,最早作為學名使用的「統計」,是 18 世紀德國政治學教授阿亨瓦爾（Gottfried Achenwall）於西元 1749 年所著《近代歐洲各國國家學綱要》一書序言中,把國家學名定為「Statistika」（統計）,這個詞原意是指「國家顯著事項的比較與記述」或「國勢學」,認為統計是關於國家應注意事項的學問。此後,歐洲各國相繼沿用「統計」這個詞,並把這個詞譯成各國的文字,法國譯為 Statistique,義大利譯為 Statistica,英國譯為 Statistics,日本最初譯為「政表」、「表記」、「國勢」、「形勢」或「政治算術」等。

統計學在 2,000 多年的發展過程中,共經歷了「城邦政情」、

第一部分　探索資料演進的軌跡

「政治算術」及「統計分析科學」3 個發展階段。

「城邦政情」階段始於古希臘的亞里斯多德撰寫「城邦政情」（也稱「城邦紀要」）。他一共撰寫了 150 餘種紀要，其內容涵蓋各城邦的歷史、行政、科學、藝術、人口、資源及財富等社會與經濟情況的比較和分析，具有社會科學的特點。「城邦政情」式的統計研究延續了約 1,200 年，直至 17 世紀中葉才逐漸被「政治算術」這個名詞所取代，並且迅速演化成現代的「統計學（statistics）」。但統計學依然保留城邦（status）這個字根。

「政治算術」階段與「城邦政情」階段並無明顯的分界點，本質的差異也不大。其特點是統計方法與數學計算和推理方法開始結合，分析社會經濟問題時更加注重運用定量分析的方法。

政治算術學派誕生於 19 世紀中葉的英國，創始人是威廉・配第（William Petty），代表作是他於西元 1672 年完成的《政治算術》一書。而書中所指的「政治」是指政治經濟學，「算術」是指統計方法。配第於書中表示，他希望用「數字、重量及尺度的詞彙」來描述英國的社會經濟狀況，他還運用統計方法對英國、法國及荷蘭三國的國情國力系統性地做了數量對比分析。這種將社會經濟現象數量化的方法，為近代統計學的重要特徵，從而為統計學的形成與發展奠定了方法論基礎。他的研究清楚展現了統計學作為國家管理工具的實用價值。因此，馬克思曾說：「威廉・配第 —— 政治經濟學之父，在某種程度上也是統計學的創始人。」

配第在書中使用的數字有 3 類：

第一類是對社會經濟現象實施統計調查與經驗觀察所得到的數字。因為受歷史條件的限制，使用嚴格的統計調查得到的資料較少，根據經驗得出的數字多。

第二類是運用特定數學方法推算出來的數字。其推算方法可分為 3 種：

(1) 以已知數或已知量為基礎，遵循某種具體關係進行推算的方法；

(2) 運用數字的理論性推理來進行推算的方法；

(3) 以平均數為基礎進行推算的方法。

第三類是為了進行理論性推理而採用的範例性的數字。配第把這種運用數字與符號進行的推理稱為「代數的演算法」。從其資料使用的方式來說，「政治算術」階段的統計學已經比較明顯呈現出「蒐集與分析資料的科學與藝術」的特點，統計實證方法與理論分析方法渾然一體，此方法即使是現代統計學中仍持續使用。

政治算術學派的另一個代表人物是約翰·葛蘭特（John Graunt）。他以西元 1604 年倫敦教會每週發表的「死亡公報」為研究資料，對倫敦地區將近 60 年的人口變化進行抽查與推測，並在 1662 年發表了論著《對死亡率表的自然的與政治的觀察》（*Natural and Political Observations Made upon the Bills of Mortality*）。其中分析倫敦居民 60 年來死亡的原因與人口變動的關

係，首次指出藉由大量觀察，可以發現新生兒性別比例具有穩定性與不同死因的比例等人口規律。他還第一次編制了「生命表」，對死亡率與人口壽命進行分析，而引起廣泛的關注。因為葛蘭特的書中提到了一個讓任何權力者都會感興趣的新奇術語：「政治算術」，英國國王查理二世力排眾議，把出身於服裝商人的葛蘭特選為皇家學會的院士。

德國哲學家、數學家萊布尼茲（Leibniz）堪稱歷史上少見的通才，被稱為「17世紀的亞里斯多德」，他和牛頓並列，最有名的貢獻是獨立發明了微積分。然而，萊布尼茲還被譽為「17世紀普魯士王國的官方統計哲學之父」。他最早建議由普魯士國家建立中央統計機構，以了解和衡量國力。西元1719年，普魯士終於開始了全國性的計數工作：把民眾分為三六九等，將工匠劃為24個細類，甚至連民居都按瓦頂、草頂、新蓋、翻修以及有無糧倉等標準，都進行了詳盡的區分。後來，德國人覺得政治算術一詞顯得過於坦率，於是他們想出了財政學、時事學等不少名詞，最終才將其確定為「統計學」。這仍是那個以「蒐集有關國家的重大事實」為主要目標的政治算術。

19世紀伊始，普魯士王國設立了統計局，舉辦統計學訓練班。19世紀中葉，德國各大城市均建立官方的統計機構。政府甚至考慮設立一個更權威的中央統計委員會，以協調各部門的統計工作。統計局局長恩格爾（Ernst Engel，以「恩格爾定律」聞名）指出，這個國家誕生的每一個嬰兒，從本質上來說，都應

該是一個由 1,000 筆資料編織而成的「新人」。他的出生、接種、教育，他的成功、失敗、遲到和早退，他的身體素質、疾病、能力，他的職業、家庭、地址、婚姻及財富，都在統計學「照料」之列。就算他死了，統計學也不會立刻離去，它還要確認他去世的確切年齡，並記錄下他的死因。這個觀點已經很新潮了，與現代流行的「數位對映」（Digital Twin）概念非常接近。

18 世紀，工業革命帶動科學與技術的迅速發展，也大幅促進數學領域的進步。「政治算術」階段出現的統計與數學相結合，逐漸發展形成了統計學的第三個階段——「統計分析科學」階段。

19 世紀末，歐洲各大學中「國情紀要」或「政治算術」等課程名稱逐漸消失，代之而起的是「統計分析科學」課程。當時的「統計分析科學」課程的內容仍然是分析研究社會經濟問題。

「統計分析科學」課程的出現是現代統計發展階段的開端。1908 年，司徒頓（William Gosset）發表了關於 t 分布的論文，創立了小樣本代替大樣本的方法，開創統計學的新紀元。

進入 20 世紀，湧現出許多著名統計學家，他們積極發展新理論並應用於實踐，而電腦的發明與應用，極大地促進了統計學的發展。

至此，從數據中來，到數據中去，統計學調查、蒐集資料並加以分析，再用於預測、決策和管理，統計發展成為科學，資料也成為社會運轉的重要基礎。

第一部分　探索資料演進的軌跡

第四章
能夠透視迷霧的慧眼

藉助資料這個新的工具，人們在自然與人文傳統領域發現了許多有意思的結果。數量地理學是應用數學方法研究地理學的學科，是地理學中發展較快的新學科，它運用統計推理、數學分析、數學程序與數學模擬等工具，結合電腦技術，分析自然地理與人文地理的各項要素，以獲得關於地理現象的科學結論。

1. 尋找測量年代的尺

石頭是不會說話的，一塊化石，一件古物，如果沒有文字，很難僅憑肉眼準確判定其年代，此時就需要一把能測量時間的尺。放射性核種衰變的速度不隨地球上的物理條件而變化，這提供了一種天然的時間標準。

碳-14 是碳元素的一種具有放射性的同位素，它由宇宙射線撞擊大氣中的氮原子所產生。碳-14 原子核由 6 個質子及 8 個中子所組成，其半衰期約為 5,730±40 年。碳是構成有機物的主要元素之一，生物在生存的時候，需要不斷呼吸，參與大氣中的

碳交換，因此體內的碳-14含量會與大氣中的濃度保持平衡。當生物停止新陳代謝後，體內的碳-14就會開始自然衰變，逐漸減少。由於自然界中碳的各種同位素之間的比例一直都很穩定，人們透過測量一件古物中碳-14的含量，即能推算它存在的時期，這種方法被稱為放射性碳定年法。

放射性碳定年法是由時任芝加哥大學教授、加州大學柏克萊分校化學博士威拉得・利比（Willard Frank Libby）發明的，因此於西元1960年獲得諾貝爾化學獎。有了放射性碳定年法，地質學家就多了一把測量遠古年代的尺，用於確定考古學、地質學及水文地質學樣本的大致年代。過去考古主要看重文字等各種珍貴的人文記錄，而放射性碳定年法的引入，為現代考古學家提供全新的線索，例如，新石器時代的陶罐中儲存的一些穀物、動物骨骼遺存，就可以用來斷定年代。

碳-14五千多年的半衰期對地質年代來說太短了，經過6個半衰期也就是約35,000年，其碳-14就會衰減至原來的1／64，已經很難找到碳-14的蹤跡了。因此碳-14測定的年代範圍很窄，只有大概5萬年。

碳-14只是放射性碳定年法用到的一種元素，而其他常用的定年法還有鉀氬定年法（K-Ar dating）、熱釋光測年法（Thermoluminescence dating）等。西元1970年代末，國際上興起一種新的核分析技術——加速器質譜（Accelerator Mass Spectrometry, AMS）分析，主要用於測量長壽命放射性核素的同位素豐度比，從而

推斷樣品的年代。

對於更古老的地質年代,可以利用放射性衰變的母子體關係來測定。

例如,測定海洋中沉積物的年齡就可以用鈾釷定年系統。假設海水中鈾的濃度恆定(鈾的半衰期遠大於釷的半衰期),鈾衰變生成的釷會在沉積物中以半衰期 77,000 年的速度減少。如果海水中的沉積速度穩定,那麼,單位重量的沉積物中釷的量應該隨著深度按指數規律減少,則一定深度處的沉積年代就可測定出來。為了避免沉積速度變化(如洋流、潮汐等的改變)帶來的誤差,可用釷 -230 與釷 -232 的比值來替代鈾釷定年系統測算。

類似的測定年代的方法還有很多,比如,銣 - 鍶定年法、鈾鉛定年法等都可以用於測定礦物和隕石的年齡。

這些固體的沉積遺存能夠保留下來不足為奇,但有辦法知道隨風而散的古代大氣成分嗎?科學家也找到了辦法,岩石、冰塊中封存的氣泡可以充當跨越歷史、傳遞訊息的信使。黃土、冰芯、石筍、海洋沉積、湖泊沉積、河流沉積都可以用來研究地球地質、氣候變化歷史。科學家已經累積了大量此類資料,成為研究歷史、氣候和人文的利器。

鑽取冰芯可得到古氣候和古環境的歷史資料,還可獲取當時各種元素成分的資料,作為研究環境變化的重要依據。2008年,從封存在南極冰芯中的氣泡裡,科學家同樣提取到寶貴的

大氣資料,證實在長達 65 萬年的時間範圍內,地球大氣中三大溫室氣體——二氧化碳、甲烷和一氧化二氮的濃度,從未像最近幾百年這麼高,這顯然與工業化後的人類活動有關。冰芯中的寶貝遠不止這些,其中記錄的冰雪累積量,可以反映降水程度;冰芯中的塵埃含量、同位素、化學元素的濃度等資料,可以反映當時的大氣環境。冰芯的這些特性使之當之無愧地成為地球的「自然檔案」,為研究全球環境變化做出了重大貢獻。

截至 2011 年,在南極冰蓋鑽取到的最古老的冰芯是歐洲科學家鑽取的,其中保存約 80 萬年氣候變化的紀錄。還有日本科學家鑽取的包含 72 萬年氣候資訊的冰芯。科學家認為,南極冰蓋應該有超過 100 萬年的更古老的冰。

有了放射性碳定年法、鈾釷定年系統、冰芯定年法等這些測量地質年代、分析地質成分的技術手法,人類第一次有了精確測量年代的可能,大量資料使人們對地球地質歷史的理解一下變得更加豐富。

2. 驗證馬爾薩斯災難

人口學家馬爾薩斯曾經提出:人口成長是按照等比級數增加的,而生存資源僅僅是線性增加,多增加的人口總是要以某種方式被消滅掉,人口不能超出相應的農業發展程度,這被稱為「馬爾薩斯災難」(Malthusian catastrophe)。

第四章　能夠透視迷霧的慧眼

馬爾薩斯災難真的存在嗎？至少馬爾薩斯著作中描述的英倫三島人口膨脹的可怕前景並沒有出現。然而，藉助地質時間的判定，審視更寬廣的歷史尺度，似乎能夠驗證馬爾薩斯災難已經多次出現，並展現了巨大的破壞力。

在 20 多億年前，地球進化出能夠進行光合作用的藍藻，因為藍藻引入了新的能源系統，藍藻數量出現指數型大爆炸，很快便布滿海洋。大量的藍藻在光合作用下製造出大量氧氣，提高了地球大氣中的氧氣含量，使地球出現大氧化事件，繼而引發厭氧微生物的大滅絕和地球史上最嚴重的冰河期──休倫冰河時期。這是馬爾薩斯災難第一次出現。

科學家發現，距今約 10 億年前的新元古代，冰川曾經到達過熱帶地區的海平面，將地球的整個海洋和陸地都凍結為「雪球地球」。對此現象的一種解釋是，超大陸的裂解使大陸邊緣的海洋面積迅速增加，大幅增加了邊緣海洋生物初級產率和有機碳埋藏量，造成大氣中的「溫室」氣體二氧化碳含量迅速減少，進而導致失控的冰反射災變──形成了「雪球地球」。這是馬爾薩斯災難第二次出現。

1 億年前的恐龍時代，因為被子植物的大繁榮，導致白堊紀末期大氣中的二氧化碳濃度明顯降低，溫室效應減弱引發了全球氣溫的大幅下降，又因小行星撞擊的聯合作用，使恐龍等物種滅絕，馬爾薩斯災難又一次出現。

6,500 萬年前地球進入新生代，恆溫的哺乳動物快速崛起，

第一部分　探索資料演進的軌跡

成為地球的新主宰，5,000 萬年前出現高級靈長類動物。在這一時期被子植物繼續大繁榮，空氣中的二氧化碳濃度持續減少。

二氧化碳的濃度一直在降低。終於在 258 萬年前使地球進入第四紀冰河時期，馬爾薩斯災難再一次出現。

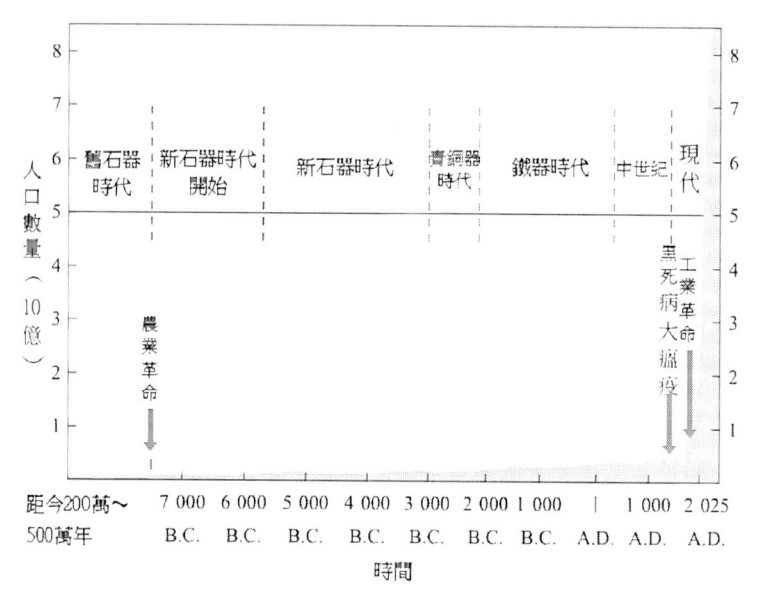

世界人口成長趨勢

從地球歷史的尺度看，藻類、植物的指數型成長，快速消耗了空氣中的二氧化碳，改變了大氣中的氧含量，引發了一系列的生物滅絕與大冰河期。所以馬爾薩斯災難也展現了推動生物繁榮、滅絕及冰河週期的潛在力量。

此後，馬爾薩斯災難的推動者變成人類，1 萬多年前爆發農

第四章　能夠透視迷霧的慧眼

業革命，200年前爆發工業革命，人類人口第一次達到10億用了300萬年，第二次用了一個世紀……最近的一次只用了10年。

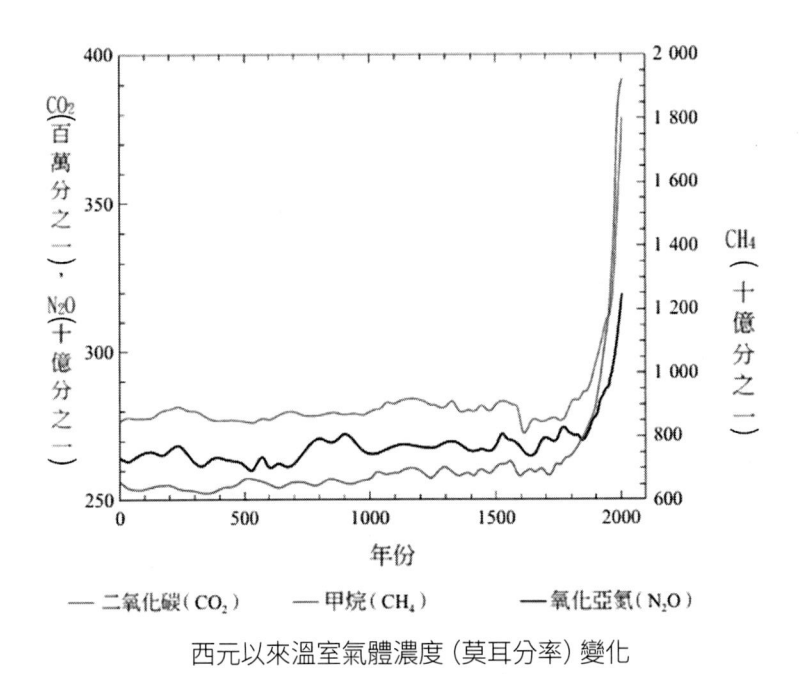

西元以來溫室氣體濃度（莫耳分率）變化

300多萬年前，一種高智商的古猿從樹上來到地面，在掌握了直立行走的技能後，藉由團隊合作與大量的新發明，成為地球史上最「可怕」的獵人。這些獵人的數量開始進入指數型成長，多次走出非洲，最終布滿全球。但是因為冰河時期的嚴酷環境，這些分布在各大陸的古猿逐漸滅絕，元謀猿人、藍田猿人、北京人及尼安德塔人就都沒有撐過極寒的冰河時期。

10萬年前，經過激烈的物種競爭與殘酷考驗，最聰明的人類

誕生了,他的名字叫智人,這是人類最後一次走出非洲,在包括猛獁象在內的大量物種滅絕後,人類僅用幾萬年就遍布全球。

而人類活動對大氣中二氧化碳含量的改變是極為顯著。下圖中是西元以來二氧化碳等溫室氣體的濃度變化,從工業革命開始,溫室氣體濃度急遽增加。

相對於細菌、地衣、植物用億萬年改變大氣組成,人類僅用了 200 年就改變了地球大氣的組成,人口數量爆炸式的增加讓一切生物都相形見絀。

3. 氣候、農業與興亡

古代生產力低下且資源累積有限,人類在天災面前往往不堪一擊,只能想出一些祭天、祈雨的辦法。從歷史觀察中發現,一旦發生大面積的災害性天氣或者趨勢性氣候惡化,對王朝而言就是滅頂之災。這其實可以解釋得通,貧苦農民以農業為生,而氣候又是農業經濟狀況的決定性因素,民不聊生,只能揭竿而起。如果能夠得到歷史上的氣候資料,對照歷史變遷,或許我們能夠更容易理解歷史。

所幸氣候學家與歷史學家已藉助科學的手段獲取古代氣候資料,在科學家的努力下,中國古代災害與溫度資料得到初步重建。氣候學、地理學、歷史學與經濟學等學科的學者,以不

第四章　能夠透視迷霧的慧眼

同的研究視角,對氣候與中國歷史變遷之間的關係,進行統計與量化實證分析,提供從氣候角度所觀察朝代興亡的有趣視角。

學者認為,儘管造成朝代滅亡的原因是複雜的,但寒冷與朝代滅亡之間的關係可能不僅僅是巧合。漢朝、兩晉南北朝、唐朝、宋朝及明朝各朝代後期均存在旱澇災害頻繁交替的事件,中國朝代興衰可能與氣候變化之間存在關聯。科學家對中國唐末到清朝的戰爭、社會動亂及社會變遷進行系統性的比對分析,發現戰爭數量與氣溫呈顯著負相關,寒冷期戰爭頻率顯著高於溫暖期,70%～80%的戰爭高峰期、大多數的朝代變遷與全國性動亂,均發生在寒冷期。

不妨回到歷史的遠古時期看一看,在商朝都城殷墟遺址中,考古學家發掘出一件銅質容器,裡面盛滿已碳化的梅子核。而現在由於氣候太冷,梅子在這一地區已銷聲匿跡,可見商朝時氣候比現在溫暖。氣候學家竺可楨認為,商朝晚期與西周初期,中國氣候迅速變冷,他將西元前1000年左右,當作中國歷史上最冷時期之一,也就是在商朝滅亡的時候,生態環境也發生深刻的變化。

關於西周氣候情況,最直接的證據來自古代歷史書《竹書紀年》,據此書記載,古代長江在西元前903年及西元前897年曾兩度結冰。在歐洲也曾出現過一個類似於東亞所經歷的寒冷期,並在西元前1000年至西元前600年達到酷寒。希臘盛行厚裝以及遍及歐洲的人口南遷,都有力地證明了這一時期歐洲氣

第一部分　探索資料演進的軌跡

候的寒冷。

據《左傳》記載，東周時期，在當時的郯國，人們往往以家燕的最初北歸來確定春分的到來。然而，現今春分時節家燕再也不可能按時到達山東了，而只是到達長江入海口處的上海一帶。這說明春秋時期山東南部的氣候類似於現今上海地區的氣候。東周有利的氣候條件使人們更容易從事農業生產，也更容易實現農業生產的盈餘，這一時期出現的諸子百家爭鳴的學術活躍現象，客觀上說明了當時社會經濟的良好發展。

有利的氣候條件促使東周時期人口的成長，但這也使社會急遽變革。當時的哲學家韓非子認為，人口數量保持在低指標，可使人們更友好和平地分配物質資源，並以此作為其道德理念的核心。

三國時期，又是寒冷的時期，魏黃初六年（西元225年）三月，曹丕以水師攻打東吳。史料記載：「十月至廣陵，戎卒數十萬，旌旗數百里，有渡江之志。是時天寒結冰，船不得入江，遂還師。」據竺可楨推測，這個新的寒潮是在西元280年代達到最低點的，因為晉朝史書記載當時五月分還有霜凍，據此可知，當時的平均氣溫至少比現在低約攝氏1度至2度。

隋、唐時期中國的重新統一不僅象徵著政治形勢的改善，也是一個溫暖的氣候時期的開始。這一溫暖趨勢在7世紀尤其引人注目。有關位於今西安的唐都長安的資料顯示，在西元650年、669年及678年都城長安都無冰無雪，從公認的西安地區冬

第四章　能夠透視迷霧的慧眼

季冰點氣溫的標準來看，以上情況表示當時西安地區的氣溫明顯比現在高。

有關日本東京櫻花盛開的資料，進一步說明天氣轉冷的趨勢。從11世紀到14世紀都有櫻花晚期開花的紀錄，證明當時存在普遍寒冷的趨勢。在中國與歐洲，「小冰河期」大約從西元1200年延續至1400年，正是中國南宋後期與元朝時期，氣候惡化再一次與北方游牧民族的入侵同時發生。與南北朝時期北方游牧民族的入侵原因相同，中國、北亞及中亞地區惡劣的氣候可能削弱了北方游牧民族的生存力，促使他們在不斷增加的生存壓力下開始南遷。

藉助研究，我們可以整理出歷史上某些時期中國氣溫變化的基本輪廓：新石器時期氣候似乎特別暖和，孕育了遠古文明；約在西元前1500年的商朝期間，氣候開始變冷，並可能在西元前1000年左右達到酷寒；隨後西周早期氣候開始呈變暖趨勢，並持續至漢朝；3世紀的東漢後期又出現一個新的寒冷趨勢，直至整個南北朝時期，氣候都是普遍寒冷的；7世紀溫暖氣候恢復並持續至10世紀；11世紀又相對寒冷；12世紀及13世紀初期有一次短暫的轉暖，但整體而言氣候是趨向於寒冷的。

對照歷史不難發現，在溫暖期，中國社會經濟相對繁榮，民族統一，國家昌盛；而在寒冷期，氣候劇變引起經濟衰退，游牧民族南侵，引發農民起義，國家開始分裂，經濟文化中心南移等現象。

第一部分　探索資料演進的軌跡

4. 信史溯源

　　信史是較為詳實與可信的史書，也指紀事真實可信、無所諱飾的史籍，有文字記載，或有實物印證的歷史。一個國家、一個民族可供研究的歷史往往是以「信史」為開端的。

　　早在先秦時期，中國就有了規範的、文字記載的歷史。中國歷朝歷代都非常重視史官制度，並形成了接續王朝為前朝修史的傳統。

　　然而，中國的信史卻只能從西元前841年的「共和元年」算起，司馬遷在《史記》裡說過，他看過有關黃帝以來的許多文獻，雖然其中也有年代紀錄，但這些年代比較模糊且又不一致，所以他便棄之不用，在《史記・三代世表》中僅記錄了夏、商、周各王的世系，而無具體在位年代。因此，傳說中關於大禹、夏啟、夏桀、商湯、商紂等夏、商兩個朝代的傳說流傳甚廣，但傳統上不把這些歷史紀錄作為可信的證據。這是一種非常科學、嚴謹的修史思想，不能證實的事情，就暫且不記。所以，司馬遷在《史記・十二諸侯年表》中，以「共和元年」作為起始之年。

　　從西元前841年開始，中國歷史記載的所有事件，皆以編年的形式作明確的紀錄，每個君主在位的時間長短、他們在位時每一年發生的重要歷史事件，都能完整接續起來。

　　而西元前841年之前，中國的歷史事件記錄是不完整的，

第四章　能夠透視迷霧的慧眼

甚至很多都是空白的。

要可信，必須要有證據，特別是確切的年代資訊，這就看出文字紀錄的重要性了。然而，在漫漫歷史長河中，許多可能記錄在竹片、木板、絹帛上面的資料都已經湮滅了，只有極少的青銅器、陶器流傳至今。古人又特別重視對大事的記錄，不惜花費重金鑄造青銅器作為禮器，並在上面鑄造銘文，天子之事，如昭王南巡，穆王西狩等，多有記述，稱為鐘鼎文，也稱作金文。這類銅器以鐘鼎上的字數最多，據容庚《金文編》記載，已發現的金文共計 3,722 個，其中可辨識的字有 2,420 個。

晉侯蘇編鐘是山西晉侯墓地挖掘出的最重要器物，因其上刻鑿有 355 個文字，成為半個世紀以來青銅器銘文最重要的發現。這套鐘共 16 件，其中 14 件由上海博物館收藏，其餘兩件在清理挖掘晉侯墓地 8 號墓時出土。編鐘可分為兩組，每組 8 件，大小相次，排編成兩列音階與音律相諧和的編鐘。銘文 355 字，首尾相連刻鑿在 16 件鐘上。這種在鑄造好的青銅器上刻鑿銘文的方法，在西周罕見。銘文記錄了在西周晚期某王三十三年，晉侯蘇奉王命討伐山東的夙夷，折首執訊，大獲全勝，周王勞師，並兩次嘉獎賞賜晉侯的史實。

至於要釐清夏商兩朝的精確紀元，20 世紀末的「夏商周斷代工程」在一定程度上彌補了這個缺憾。

要知道明確的年代，需要有文字記載，歷史學家只能向科學家求援。於是，集合 9 個學科、12 個專業、200 多位專家學者，

第一部分　探索資料演進的軌跡

為夏商周斷代工程聯合突破瓶頸。歷史學家以歷史文獻為基礎，把中國歷代典籍中有關夏商周年代與天象的材料盡量蒐集起來，加以分析整理；天文學家全面尋找天文年代學前人已有的成果，推斷若干絕對年代，為夏商周年代確定科學準確的座標；考古學家則對與夏商周年代有密切關係的考古遺存進行系統性研究，建立相對年代系列和分期。在科學定年技術方面，主要採用放射性碳定年法，包括標準法與加速器質譜技術。

夏商周斷代工程中最有名的一個案例是「天再旦」。周懿王是周朝第七位帝王，他在位時並沒什麼政績，關於他的紀錄也不多，只知道西周從他開始走向衰落。然而《竹書紀年》有一個重要的紀錄，即「懿王元年天再旦於鄭」。夏商周斷代工程要確定懿王元年是西元前的哪一年，全在這十分簡約的9個字中。

關鍵在「天再旦」3個字。有專家認定，這是一種奇異的天象，從字面看，意謂「天亮了兩次」。在什麼情況下才會「天亮兩次」呢？只有在太陽出來前，天已放亮，或者太陽剛好在地平線上，忽然發生了日全食！這時，天黑下來，幾分鐘後，日全食結束，天又一次放明。這就是「天亮兩次」——「天再旦」。由於日食可以用現代天文方法計算，因此這條紀錄是確定周懿王年代的重要線索。

藉助強大的電腦與專業軟體，現代天文學已經可以推算還原出古代天象紀錄的場景。科學家對相關時代的日食狀況做了詳細計算，提出發生「天再旦」的懿王元年為西元前926年或西

元前 899 年。而美國加州理工學院的 3 位科學家的計算結果更為具體,「懿王元年天再旦於鄭」指的是西元前 899 年 4 月 21 日凌晨 5 時 48 分發生的日食,在現今陝西一帶可見。而「鄭」就是今天的陝西華縣或鳳翔。西元前 899 年是懿王元年就這樣確定了。

眾所周知,太陽出來後,天光隨太陽的地平高度而變化。由於大氣散射,太陽在地平線以下時,天空就開始亮了。這是一個複雜的過程,很難定量表達,卻又必須定量表達。1996 年 7 月 26 日,「懿王元年」專題報告,1997 年 3 月 9 日,中國境內將發生 20 世紀最後一次日全食,其發生時間,在新疆北部,正好是天亮之際。於是,科學研究人員決定多角度觀測這次日食,以印證「天再旦」的視覺感受,並得到量化的理論表達。

為使觀測結果能夠真正地說明問題,科學研究人員做了縝密的準備工作。他們首先對 22 個日出過程做了 450 次測量,並透過天體力學方法進行計算,得出一個可對日出時的日食現象進行數學描述的方法:日全食發生時,當食分大於 0.95,食甚發生在日出以後,就會發生明顯的天光漸亮、轉暗再轉亮的過程,即「天再旦」現象。

實際觀測是否符合上述描述,是「天再旦」是否確為日全食紀錄的關鍵。

1997 年 3 月 9 日,中國境內發生日全食。科學研究人員根據蒐集的報告、數據得出的觀測結果是:日出前,天已大亮,

第一部分　探索資料演進的軌跡

這時日全食發生，天黑下來，星星重現；幾分鐘後，日全食結束，天又再次放明。這一過程證實經由理論研究得出的天光視亮度變化曲線，與實際觀測的感覺一致，印證「天再旦」為日全食紀錄是可信的。

經過 200 多位專家學者歷時 5 年的努力，「夏商周斷代工程」正式公布了《夏商周年表》，這個年表為西元前 841 年以前的歷史，建立起 1,200 餘年夏商周三代的年代架構，夏代的始年為西元前 2070 年，商代的始年為西元前 1600 年，盤庚遷殷為西元前 1300 年，周代始年為西元前 1046 年。

需要特別說明的是，「夏商周斷代工程」的成果至今仍有爭議，許多學者持不同意見，本部分介紹「夏商周斷代工程」，只是說明資料在描繪歷史中的重要性，以及學者從蛛絲馬跡中整理精確資料所付出的努力。

第五章
宇宙的測量

　　人類很早就開始仰望天空，思索繁星的奧妙。今天的人們可以用萬有引力等科學原理正確地解釋天體運行的規律，但古人由於認知的局限，只能記錄觀察到的奇異天象。這些隱藏在浩瀚歷史文獻中的隻言片語，無意中為後世科學研究提供了寶貴的天體運行資料。

　　《宋史·地理志》中記載：「至和元年（西元1054年）五月己丑，（客星）出天關西北可數寸，歲餘稍沒」；《宋會要》中記載：「至和元年五月，（客星）晨出東方，守天關，晝見如太白，芒角四出，色赤白，凡見二十三日。」《宋史·仁宗本紀》則記載：「嘉祐元年（西元1056年）三月辛未，司天監言：自至和元年五月，客星晨出西方，守天關，至是沒。」

　　這幾段文字看起來平淡無奇，卻記載了發生於西元1054年的一次超新星大爆發事件，所謂「超新星」，就是大爆發時亮度劇增的恆星，兩年後，這顆爆炸的恆星逐漸散開，即「至是沒」，演化至今成為蟹狀星雲。1942年荷蘭天文學家奧爾特從星雲的膨脹速度，反推出這些類似纖維狀的物質，是約900年前

從一個密集點飛散出來的。經過許多天文學家的計算、分析，證實了蟹狀星雲就是西元 1054 年那次超新星大爆發後的遺跡。

從科學角度來說，觀測記錄不應該只是用於推演反證，而應正向推動科學研究的發展。果然，到了 17 世紀，隨著望遠鏡等觀測器材的發明，觀測資料變得更多也更精確，人類終於開始運用資料研究天體，進入天文大發現的時代，真正地理解星空。

1. 第谷的「資料」與克卜勒的「挖掘」

資料探勘（Data Mining）現在已經成為資料領域中的一個專有名詞，指的是從大量的資料中找出有價值的資訊的過程。實際上，天文大發現也是從「資料探勘」開始的。

丹麥天文學家、占星學家第谷·布拉厄（Tycho Brahe）是天文界的一位傳奇人物，他在天體觀測方面獲得了不少成就，他留給世人一份長達 20 多年的觀測資料與一張精密星表。為此，他被稱為「星子之王」，同時也可以稱得上最早的天文統計學家，實際上，第谷本身就是宮廷數學家。

西元 1563 年，第谷寫出了第一份天文觀測數據，記載了木星、土星及太陽排列成一直線的情況。西元 1572 年 11 月 11 日，第谷觀測到仙后座的超新星爆發，並持續進行了 16 個月的詳細觀察與記錄，獲得了驚人的成果。後來，受丹麥國王腓特烈二

第五章　宇宙的測量

世的邀請，第谷在丹麥與瑞典之間的文島開始建立「觀天堡」。這是世界上最早的大型天文臺，他在這裡設立4座觀象臺、1間圖書館、1間實驗室及1間印刷廠，配備了齊全的儀器，總共耗費黃金1噸多。第谷在這裡一直工作到西元1599年，在20多年的時間裡取得了許多重要成就，創造了大量的先進天文儀器。西元1599年，丹麥國王腓特烈二世去世後，第谷在波希米亞國王魯道夫二世的幫助下，移居布拉格，建立了新的天文臺。西元1600年，第谷與後世大名鼎鼎的克卜勒（Johannes Kepler）相遇，邀請他作為自己的助手。與第谷不同，克卜勒視力衰弱，但精通數學，兩人一個擅長觀測數據，一個具有資料分析的能力，共同開創了一段天文統計學傳奇。

克卜勒來到第谷身邊以後，師徒朝夕相處，結成忘年之交。不幸的是，僅僅不到10個月，第谷就去世了。第谷把自己辛勤工作幾十年累積下來的觀測數據與手稿，全部交給克卜勒使用，克卜勒接替第谷的工作，並繼承他的宮廷數學家職務。

第谷蒐集的大量極為精確的天文觀測數據，為克卜勒的工作創造了成功的條件。克卜勒利用第谷的觀測數據與星表，經過大量的計算，編製成《魯道夫星曆表》（*Rudolphine Tables*），表中列出了1,005顆恆星的位置。這個星曆表比當時的其他星曆表精確得多，直到18世紀中葉，《魯道夫星曆表》仍然被天文學家及航海家使用。

同時，克卜勒還在第谷多年累積的觀測數據基礎上，進行

精細的資料分析研究。第谷遺留下來的資料中,關於火星的觀測數據是最豐富的,藉由計算,克卜勒發現第谷觀測到的火星軌道數據與計算結果有誤差。幸運的是,克卜勒選擇了相信數據,而對當時堪稱「完美」的神運動(等速率圓周運動)原理產生質疑,進而發現行星沿橢圓軌道運行的規律。在此基礎上,克卜勒自第谷觀測的太陽系行星數據基礎上進行推演,經過近 6 年的大量計算,克卜勒得出第一定律及第二定律,在西元 1609 年出版的《新天文學》(*New Astronomy*)中發表。又經過 10 年的大量計算,得出了第三定律,這三大定律分別為橢圓定律、等面積定律及週期定律,統稱為克卜勒定律。

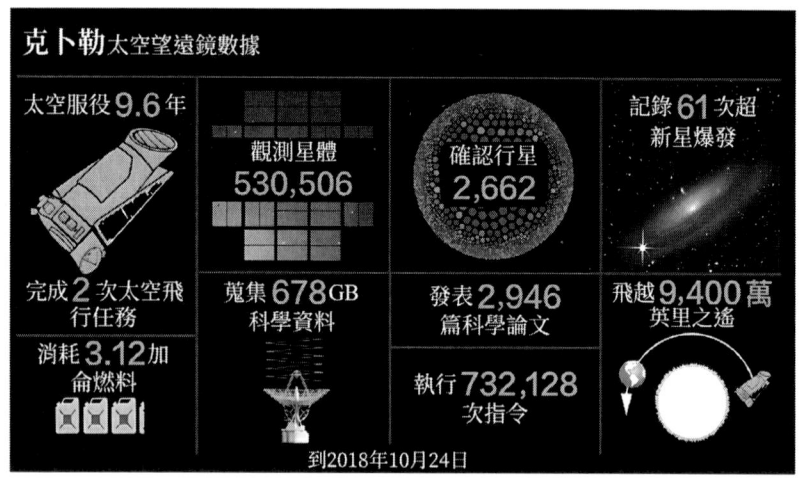

克卜勒太空望遠鏡數據

克卜勒定律主張地球是不斷移動的,行星軌道是橢圓形的,且行星公轉的速度不恆等,這些論點對於當時的天文學與物理

學造成巨大衝擊。克卜勒定律也為牛頓發現萬有引力定律打下基礎，又經過近百年後，牛頓利用克卜勒的第二定律與萬有引力定律，從數學上嚴謹地證明了克卜勒定律，終於用物理理論解釋了其中的物理意義。

2009 年 3 月 7 日，以克卜勒為名的一艘探測器從美國佛羅里達州的空軍基地發射升空，這是美國太空總署發射的首顆探測類地行星的探測器。克卜勒太空望遠鏡的科學研究任務是對銀河系內的 10 萬多顆恆星進行探測，希望能夠搜尋到支持生命體存在的類地行星。到 2018 年止，經過 9 年多的工作，克卜勒太空望遠鏡已經觀測了 53 萬多顆星體，蒐集了多達 678GB 的科學資料，為科學家提供證實 2,662 顆系外行星存在的資料。

2. 筆尖下的發現

克卜勒定律及萬有引力的發現，使天文學家與天文愛好者，認知可憑藉資料分析，發現未知天體。在西元 1846 年 9 月 23 日被發現的海王星就是一次藉由數學預測而非有計畫的觀測發現的行星，被稱為「筆尖下的發現」。

海王星的發現可謂一波三折，頗具戲劇性，故事的核心簡單來說就是兩位年輕的科學家各自獨立地完成海王星軌道的預估。天文學家很早就發現天王星的實際位置偏離推算出的軌道，這個時期的人們已經對萬有引力有比較完整的理解，認為

第一部分　探索資料演進的軌跡

比起萬有引力引起的可能錯誤，存在未知行星的機率要大得多。西元1843年，英國劍橋大學研究生約翰·亞當斯發現，有充分數據顯示天王星的軌道偏離是因一個未知的天體所導致的，很有可能是一顆行星。經過兩年的潛心研究，亞當斯在西元1845年9月推算出了這顆未知行星的軌道。幾乎同時，西元1845年夏天，法國科學家于爾班·勒威耶（Urbain Le Verrier）同樣著手研究天王星的不規則運行軌跡，他也預測到未知天體的位置，稱為「一顆尚未知道的星球」，他的研究成果刊登於西元1846年7月出版的倫敦《泰晤士報》上。但這些理論計算結果必須藉由實際觀測確認，而當時的天文望遠鏡資源非常稀有，很少有天文臺具備可以觀測並搜尋行星的設備。亞當斯把自己計算的結果寄給英國格林威治皇家天文臺臺長，並請求使用望遠鏡協助觀察確認，但並沒有得到格林威治皇家天文臺的觀測授權。而勒威耶卻幸運得到了柏林天文臺助理伽勒的幫助，西元1846年9月23日晚上，伽勒親自用天文望遠鏡進行觀測，助手德萊斯特則在一旁核對星圖，果然真的就在勒威耶所指的方位上看到一顆星圖裡沒有記錄過的8等星，他們反覆觀測、反覆核對星圖、反覆確認，第二天晚上又繼續觀測，確認前一天的觀測結果，這就是海王星發現的簡要過程。海王星被發現後，當時的英、法兩國引發了發現權的歸屬之爭，最終，國際天文界確認勒威耶與亞當斯兩人共同享有海王星的發現權。

　　不管海王星發現的爭議如何，勒威耶與亞當斯在利用資料

第五章　宇宙的測量

推算天體運行軌跡的想法是一致的，他們想到的是可以利用天王星軌道的「逆攝動」推測出海王星的存在與可能位置。天文學上的「攝動」指根據萬有引力定律，藉由已知大行星的軌跡，計算出其對臨近行星的運行干擾程度。而「逆攝動」則是指藉由已知大行星受到的「攝動」來推算出未知行星的軌跡。勒威耶與亞當斯是如何得出推測結果的呢？確定一個未知攝動體的位置是一件非常困難的事情，包括測定由天王星軌道運行的偏差而產生的軌道根數。在解決問題的過程中，亞當斯和勒威耶利用提丟斯－波德定律（Titius-Bode law），確定攝動體的軌道運行半徑，並藉助菲利普・杜爾塞（Philippe Doulcet）在《世界體系分析理論》一文中的拉普拉斯攝動理論。亞當斯運用攝動理論並修改了這顆亮度為 8.0 的星球的軌道根數體系，以此來減少天王星預測運行軌道與計算軌道之間的差異。根據提丟斯－波德定律的假設，預測的第八顆星球應該會有一個高度離心的運行軌道。

後來的觀測中，人們發現從海王星的運動中得到海王星的精確質量值，比亞當斯和勒威耶當初推測的質量值要小很多。因此，海王星的存在還不能完全解釋天王星的軌道偏移問題，因為它的引力不夠大，仍有微小的誤差沒有得到合理的解釋。不僅如此，後來發現海王星本身也有些失常的表現，因此人們必然又想到了海王星外行星的問題。許多人都想仿效亞當斯、勒威耶的方法，先從方程式中去「解」出這顆「海外行星」應在的位置，再用望遠鏡去尋找，但都沒有成功。直到 1930 年 3 月

13 日，美國亞利桑那州羅威爾天文臺用當時剛發明不久的一種儀器「閃爍比對器」，最終找到了這顆「海外行星」——冥王星。實際上並不是說冥王星不能用數據找到，而是因為它實在是太小、太暗了，即使知道它所在的位置，也不一定能找得到。2006 年 8 月 24 日，冥王星從九大行星中被排除，降格為矮行星，這已經是後話了。

3. 源於毫末測量的大發現

2017 年 10 月 3 日，瑞典皇家科學院宣布將 2017 年度諾貝爾物理學獎授予美國的萊納‧魏斯（Rainer Weiss）、基普‧索恩（Kip Thorne）與巴里‧巴利許（Barry Barish），獲獎理由是「對 LIGO 探測器與重力波觀測的決定性貢獻」。這 3 位科學家都來自美國，而 LIGO，全稱「雷射干涉重力波天文臺」（Laser Interferometer Gravitational-Wave Observatory），是匯集 20 多個國家 1,000 多名科學研究人員的合作專案。如果從愛因斯坦 1916 年預測出重力波算起，到 2015 年 LIGO 獲得重力波的直接觀測證據，已跨越近百年。

引力被認為是時空扭曲的一種效應，這種扭曲是因為質量的存在而導致的。在固定的體積內，包含的質量越大，那麼在這個體積邊界處所導致的時空扭曲的曲率就越大。當一個有質量的物體在時空當中運動的時候，曲率變化反映了這些物體的

第五章　宇宙的測量

位置變化。在特定條件之下，加速物體能夠對這個曲率產生變化，並且能夠以波的形式以光速向外傳播，這就是重力波。

關於重力波最形象的描述可能就是「時空漣漪」了。宇宙中，兩個質量極大的物質（例如黑洞）相互高速地環繞，會讓周圍的時空產生一陣陣的「漣漪」。就像在平靜的水面丟下一個小石塊，水面會有一圈圈的波紋向外擴散，這時候水面就是時空，水的波紋就是重力波。

十幾億年前，距離地球數百萬個河外星系之外，兩個黑洞發生了碰撞。它們彼此圍繞著旋轉億萬年，每一圈後都在加速，呼嘯著靠近對方。到了它們間距只有幾百公里的時候，它們幾乎以光速旋轉，釋放出強大的引力能量。時間與空間被扭曲，在不到一秒鐘的瞬間裡，兩個黑洞終於合併為一個質量約為 62 個太陽的新黑洞，這次合併輻射出比全宇宙的恆星輻射還多幾百倍的能量。

這次黑洞碰撞產生的重力波向四周傳播，途中隨著距離不斷衰減。與此同時，在我們的地球上，宇宙洪荒，滄海桑田，開始出現生命，開始出現動物，恐龍崛起、演化、滅亡。重力波繼續前進，大概 5 萬年前，重力波到達了銀河系，這時，人類的祖先智人才開始取代尼安德塔人成為地球的新主宰。愛因斯坦預言了重力波的存在，激發了科學家後面持續數十年的猜測和無果的尋找。約 20 年前，一個巨大的探測器──LIGO 開始建造，終於，在 2015 年 9 月 14 日中午 11 點（中歐時間）前，

第一部分　探索資料演進的軌跡

重力波經過漫長的跋涉到達了地球。

重力波實在太微弱了，只有質量極大的物質，例如中子星、黑洞才能產生可被觀測到的重力波，而這些產生巨大重力波的中子星、黑洞又距離地球非常遙遠，這裡所說的距離，包括空間與時間。所以，對於重力波的直接探測極其困難。

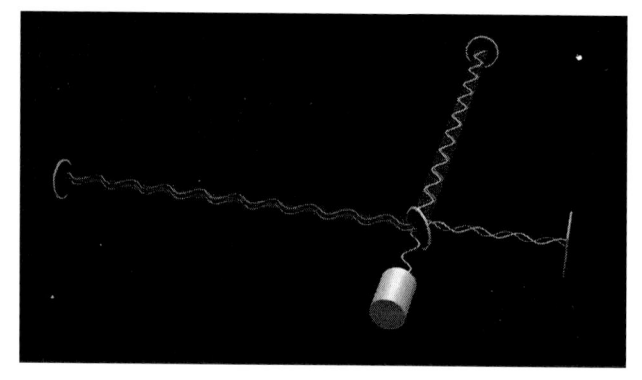

雷射干涉儀探測重力波的工作原理

LIGO 位於華盛頓漢福德的觀測臺

圖片來源：加州理工學院／麻省理工學院／LIGO 實驗室。

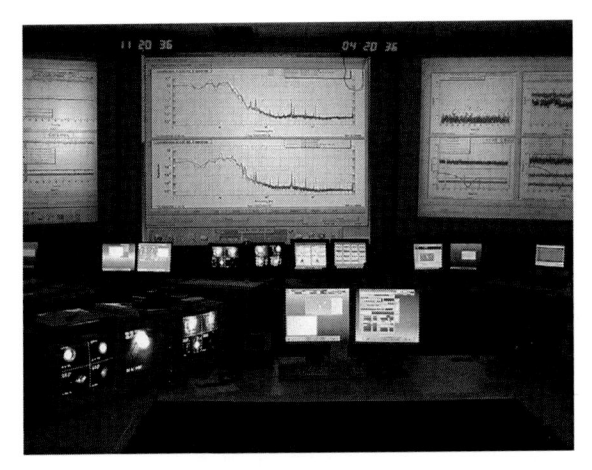

第五章　宇宙的測量

漢福德觀測臺控制室
圖片來源：加州理工學院／麻省理工學院／LIGO 實驗室。

西元 1970 年代，科學家提出了使用雷射干涉儀探測重力波的方法，而雷射干涉儀的工作原理大致如下：

從雷射器中發射出一束頻率非常穩定的雷射，這一束雷射首先通過分光器，然後被分為兩束強度相同的雷射，這兩束雷射分別進入兩個互相垂直的干涉臂（LIGO 建造了兩個 4 公里長的真空管道）。雷射光束在抵達盡頭後，會藉由鏡片反射回來，然後在分光器的位置相遇。在這裡會有一個輸出埠，用於讀出這兩束雷射合併在一起產生干涉後的光強。

藉由控制這兩個互相垂直的干涉臂的長度，這兩束雷射的「能量」是可以互相抵消掉的，這時候在輸出埠上就無法讀到光訊號。當重力波通過時，會引起時空扭曲，一個臂的長度會變

長，另一個臂的長度會變短，從而造成光程差（optical path difference），雷射干涉條紋會因此發生變化。LIGO 可能是人類建造過的最先進、最精密的設備之一，它非常精確，遠超之前探測設備的精度，甚至可以檢測到比原子核還小的運動——這是有史以來科學家嘗試過的最小測量，使其能夠捕獲重力波經過時，對時空的輕微變形所引起的微小長度變化。

顯然，LIGO 巧妙地將對重力波的捕獲設計成一個數據問題，科學家只需要觀察數據的變化就能找到重力波存在的證據，但實際上，問題沒有這麼簡單。由於存在諸多干擾重力波觀測的背景雜訊，LIGO 每年蒐集到的 500TB 數據中的絕大多數依然是噪音。要將訊號與噪音區分開，有兩種基本的方法：

第一，檢測非常強的訊號。例如，首次證明重力波存在的這次觀測，兩個黑洞的融合過程所釋放的能量超過了整個宇宙所有恆星發光能量的總和！如果這麼巨大的能量是以可見光的形式釋放的，這兩個 13 億光年外的黑洞將在我們的天空閃耀如滿月。這個罕見的事件發生時，相隔 3,000 多公里的兩個 LIGO 設施都探測到非常強且一致的訊號，這樣的好運氣可能在很長時間內都不會再有。

第二，我們可以探測隱藏在噪音中的長期訊號模式。我們可以檢測所謂的「背景」重力波，這些重力波是宇宙大爆炸或星系團中的星系與黑洞在不斷碰撞與融合的長期運行過程中遺留下來的。隨著時間的推移，這類訊號的累積數據會越來越加深

第五章　宇宙的測量

我們對其物理系統的理解。有了合適的物理模型,人工智慧就能學會用這些數據與模型進行比對,預測出與新訊號有關的天文事件。

回到重力波的發現過程,2015 年 9 月 14 日,重力波穿過地球,它首先通過了美國路易斯安那州的重力波探測器,7 毫秒之後通過了 3,000 公里外的華盛頓州的探測器。

經過嚴謹的資料分析後,LIGO 得出結論,這次探測到的重力波是兩個黑洞在互相碰撞融合期間釋放出的。這次的融合發生在 13 億年前,這兩個黑洞的初始質量大約為太陽的 30 倍,以 0.5 倍光速繞著對方旋轉。最終兩個黑洞發生碰撞、融合,大約 3 倍於太陽質量的物質轉化為能量。根據愛因斯坦量能轉換公式 $E = mc^2$,可以估算出這份能量值之巨大,瞬間的功率超過了宇宙中所有恆星的功率之和。這些能量以重力波的形式釋放出來,對著包括地球在內的宇宙各個方向進行傳播,經過漫長的 13 億年長途跋涉才到達地球,並幸運地被人類捕獲。

重力波的發現象徵著人類在太空探索的旅途上的一個里程碑。LIGO 的成功也代表大型科學研究設施的強大,更精細的觀測、更強大的計算力,拓展了人類理解宇宙的廣度與深度。以重力波發現為代表的現代天文學越來越依靠資料的分析,可以肯定的是,未來將有更多隱藏在觀測資料中的內涵會被發現。

第一部分　探索資料演進的軌跡

4. 資料讓我們看得更清楚

　　馬頭星雲是一個暗星雲（Dark Nebula），由黑暗的塵埃與旋轉的氣體構成。它是位於獵戶座參宿一左下處獵戶座分子雲團的一部分，距離地球大約 1,500 光年。

　　晴朗的夜空中，肉眼可見在獵戶座的三星連線「獵戶的腰帶」下方，存在著有點模糊的一團亮點，馬頭星雲就藏在那裡。

　　馬頭星雲因形狀酷似馬頭而得名，但它實際上是黑色的，襯托在附近恆星照亮的背景中。這張絢麗的影像，是由軌道上的哈伯太空望遠鏡用紅外線拍攝的，然後轉換為可見光圖片，呈現馬頭星雲豐富的細節。自 1990 年發射升空以來，哈伯太空望遠鏡已經工作了 30 多年，傳回的資訊總量已經超過 150TB。得益於這些前所未有的寶貴資訊，我們能夠更清楚地看世界。

夜空中所見獵戶座星雲

第五章　宇宙的測量

用哈伯太空望遠鏡看紅外線下的馬頭星雲

5. 遙看天河億萬年

　　宇宙實在是太大了，目前飛得最快的人造物體是「新視野號（New Horizons）」探測器，2007 年 2 月 28 日飛過木星時速度達到了 76,392 公里／小時，即約 21.22 公里／秒，還不到光速的萬分之一，這放在宇宙的尺度上實在是太慢了。目前飛得最遠的人造物體是「航海家 1 號（Voyager 1）」探測器，據估計已經飛到 200 多億公里之外，但是還沒有飛出太陽系。

　　茫茫宇宙浩瀚無邊，由詹姆士・韋伯太空望遠鏡最新發現的已知最古老星系「GLASS-z13」，已經存在了 135 億年，誕生

127

於宇宙大爆炸後的 3 億年。目前人類接收到的最遠的紅移電磁波訊號（宇宙微波背景輻射）大約來自 138 億光年之外。做個類比，如果宇宙的邊界在 38 萬公里外的月球，人造飛行器目前大約只飛離了半微米。

為了衡量宇宙，人們不得不發明許多特殊的單位。

天文單位：天文單位是天文學中計量天體之間距離的一種單位，以 A.U. 表示，其數值取地球與太陽之間的平均距離。1964 年國際天文學聯合會決定採用 1A.U. $= 1.496 \times 10^8$ 公里，自 1968 年使用至 1983 年年底；又於 1978 年決定改用 1A.U. $=$ 149,597,870 公里，從 1984 年開始使用。

光年：光在宇宙真空中沿直線傳播一年時間所經過的距離，為 9,460,730,472,580,800 公尺，即約 9.46 兆公里。

秒差距：主要用於量度太陽系外天體的距離。1 秒差距定義為天體的半年視差為兩角秒（2"）時，天體到地球（太陽）的距離，也就是地球軌道半徑對應視差角為一角秒（1"）時的距離。秒差距是視差角的倒數，當天體的視差角為 0.1 角秒時，它的距離為 10 秒差距，當天體的視差角為 0.01 角秒時，它的距離便為 100 秒差距，依次類推。1 秒差距約等於 3.26 光年。但在測量遙遠星系時，秒差距單位太小，常用千秒差距與百萬秒差距為單位。

哈伯半徑：哈伯半徑等於自大爆炸時刻起光線傳播的距離，所以它以光年為單位的數值與宇宙年齡的年數相同。哈伯半徑

第五章　宇宙的測量

是宇宙中最大的測量尺度，在宇宙大爆炸的瞬間，哈伯半徑為0，隨著時間的推移，宇宙快速膨脹，哈伯半徑也在不斷地變長，現在為150億到200億光年，或60億秒差距。根據哈伯定律，必然存在一個確定的距離，在那個距離上，星系以光速退離我們。所以，我們是看不到哈伯半徑距離以外的任何東西的。

普朗克長度：有最大，自然有最小。普朗克長度，是有意義的最小可測長度的尺度。普朗克長度由引力常數、光速及普朗克常數三者之間的相對數值決定，它大致等於 1.6×10^{-35} 公尺，即 1.6×10^{-33} 公分，是一個質子大小的1,022分之一。在這樣的尺度下，經典的引力和時空開始失效，量子效應發揮支配作用，所以它是「量子的長度」。

宇宙如此之大，要測量宇宙是一件非常不容易的事情，為此，科學家想了許多方法。其中比較新的辦法是藉助造父變星及紅移。

宇宙中存在著一類特殊的恆星，叫做「造父變星（Cepheid）」。科學家發現，這類特殊恆星的亮度會隨著時間推移而發生變化，並且其亮度變化週期與其真實亮度之間存在直接關聯。簡而言之，造父變星的光變週期與其光度之間存在關聯，且其光變週期越長，光度越大。換句話說，相比那些較為闇弱的造父變星，那些明亮的造父變星「脈動」的週期更長（一般光變週期可以長達數天）。由於天文學家可以相對容易地測定光變週期，這樣他們也就能夠得到這顆恆星的真實亮度數據。反過

第一部分 探索資料演進的軌跡

來,只要觀察一顆造父變星的亮度,天文學家就能夠計算出它們的實際距離。

觀測顯示,所有的星系都在遠離我們,並且距離我們越遙遠的星系遠離的速度越快,這就是著名的哈伯定律,它背後的本質是宇宙的膨脹。星系遠離我們的速度越快,其波長的拉伸程度越明顯,在光譜中的表現便偏向紅端,此現象被稱作紅移。那麼基於哈伯定律可以發現,星系距離我們越遠,它們光譜中表現出的紅移量也會越大。現在,人類接收到紅移最大的電磁波訊號顯示其來自 138 億光年之外,這是我們能夠觀察到的最古老的光線,這也在一定程度上向我們透露了宇宙本身的年齡。

138 億光年,已經是一個非常龐大的距離了,但這還不是終結。由於宇宙一直持續膨脹,並且膨脹的速度非常迅速。天文學家估算,那些從 138 億光年外發出光線的古老天體,由於宇宙的膨脹,實際上已經遠離我們達到了 465 億光年左右,而這只不過是可觀測宇宙的半徑,擴大一倍,我們就能算出可觀測宇宙的直徑,大約是 930 億光年。

宇宙之大,只能存在於人們的想像中。如莊子《逍遙遊》:「鯤之大,不知其幾千里也,化而為鳥,其名為鵬,……鵬之徙於南冥也,水擊三千里,搏扶搖而上者九萬里。」

這樣大的宇宙,我們應該如何去探索?目前只能展開幻想的翅膀,假設我們有了「曲速引擎」,最終人類將可以突破光速。

曲速引擎是許多科幻小說中虛構的,能讓太空船以超光速

第五章　宇宙的測量

航行的推進系統，在這些科學幻想中，集大成者是《星艦迷航記》(Star Trek)，在1999年還出版了一本《星艦迷航百科全書》，在這本書中，曲速分為若干等級，其中1級曲速就是光速，而10級曲速目前認為是無法突破的極限，只能無限接近，9.9999級曲速約相當於光速的199,516倍。按照這個速度飛行，橫跨銀河系僅需半年時間。

曲速等級	《星際迷航百科全書》給出的曲速對應的光速倍數
1	1×
2	10×
3	39×
4	102×
4.5	150×
5	213×
6	392×
7	656×
8	1,024×
9	1,516×
9.9	3,053×
9.99	7,912×
9.999,9	199,516×
10	無限速度

曲速等級表

第一部分　探索資料演進的軌跡

　　宇宙的浩瀚引領人類無盡的遐想,人類能否利用數學,再一次戰勝自然?讓我們拭目以待。

第六章
兵與火，電與數

「兵者，國之大事，死生之地，存亡之道，不可不察也。」《孫子兵法》書中開篇中的一句話，既強調軍事的重要性，也說明自古對待戰爭的嚴謹態度。不管是策略或戰術，認真觀察、分析、研究態勢，才是致勝之道。

現代戰爭已經發展到了全面資訊化階段。戰場上，不僅是戰火紛飛，各種資訊也源源不斷地產生。衛星、雷達、空中預警機時時刻刻都在偵查、傳輸來自各地區的資訊，這些資訊經由龐大的資訊網，機密地傳輸、高速地處理、智慧地決策，這些都離不開資訊科技，也催生了資訊科技的革新發展。

1. 彈道計算與現代電腦

資料需要加工，加減乘除是最基本的計算，辭典中對計算的解釋是「核算數目，根據已知量算出未知量；運算」。人類很早就有計算的需求，也催生了計算工具的發展。算，在中國古代也寫作「筭」（音同「算」），而「筭」的古文為「祘」，是筭的

第一部分　探索資料演進的軌跡

小篆寫法。「祘」是個象形字,看上去像是在地上擺弄的一些竹棍,這是古代的一種計算工具,叫做「算籌」,演化為「筭」,就是一個會意字了,意思是「弄竹」,說的還是擺弄算籌。古人發明了算籌,祖沖之就是用這個東西計算出圓周率,再後來發明算盤,一直用到今天。

西方對計算工具的改進從 15 世紀開始,義大利著名畫家達文西設計了一部齒輪加法器,可惜因條件不足而未能成功。到 16 世紀,蘇格蘭數學家納皮爾(Napier)提出了第一份對數表,並設計「骨籌」做計算工具。西元 1642 年,數學家帕斯卡(Pascal)製作一臺機械式手搖電腦來計算加減法。1671 年,德國的萊布尼茲設計了一臺能進行乘法與加法的分級計算機。1694 年,萊布尼茲改善了巴斯卡的手搖電腦,可以進行四則運算。

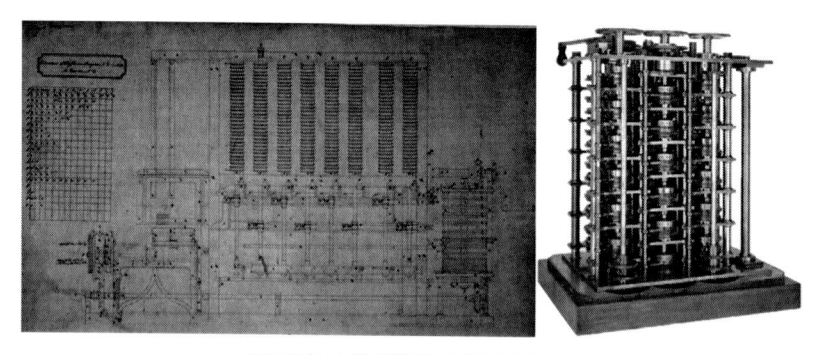

巴貝奇差分機設計圖紙及零件

英國發明家查爾斯・巴貝奇在西元 1812 年初次想到用機械來計算數學表,並於 1823 年設計出了世界上第一臺差分機。他將數學中複雜的函數運算轉化為差分運算,解決數學中的難

第六章　兵與火，電與數

題，這臺機器雖然沒有製成，但其基本原理在 1992 年後被應用於「巴勒式」會計電腦上。

西元 1834 年，巴貝奇又發明了分析機，他從提花織機得到啟示，設想根據儲存在穿孔卡上的程式指令進行任意數學運算的可能性，並設想了現代電腦所具有的大多數其他特性，但因為沒有得到政府的資金支持，巴貝奇的計算機未能完成。西元 1855 年，斯德哥爾摩的舒茨公司依巴貝奇的設計，製造出一臺計算機。巴貝奇的差分機已初具現代電腦的雛形，所以巴貝奇被譽為「電腦之父」。

真正促成現代電腦發明的是來自戰爭的需求，研製電腦的想法源於第二次世界大戰期間，為了提供給美國軍械試驗準確而及時的彈道火力表，迫切需要開發一種高速的計算工具，正是在第二次世界大戰瀰漫的硝煙中，開始了電腦的研製。

當時激戰正酣，各國的武器裝備還很落後，占主要地位的策略武器就是飛機與坦克，因此研製開發新型坦克與飛彈，顯得十分必要與迫切。為此，美國陸軍軍械兵團在馬里蘭州的亞伯丁設立了彈道研究實驗室。

美國軍方要求該實驗室每天須為陸軍砲彈部隊提供 6 張火力表，以便對飛彈的研製進行技術鑑定。事實上每張火力表都要計算幾百條彈道，而每條彈道的數學模型都是一組非常複雜的非線性方程式。這些方程式無法求出準確解，只能用數值方法進行近似計算。

第一部分　探索資料演進的軌跡

　　西元 1942 年，當時任職於摩爾電氣工程學院的莫奇利（Mauchly）提出了試製第一臺電腦的初始設想——「高速真空管計算裝置的使用」，期望用真空管代替繼電器以提高機器的計算速度。美國軍方得知這一設想，馬上撥款大力支持，成立一個以莫奇利、埃克特（Eckert）為首的小組進行研製工作，預算經費為 15 萬美元，這在當時是一筆鉅款。

　　十分幸運的是，美籍匈牙利數學家馮・諾伊曼當時擔任彈道研究所顧問，正參與美國第一顆原子彈研製工作，由於原子彈研製過程中遇到的大量計算問題，在電腦研製過程中期也加入了研製小組。1945 年，馮・諾伊曼和他的研製小組在共同討論的基礎上，發表了一個全新的可儲存程式的電腦方案——「離散變量自動電子計算機」，對電腦的許多關鍵性問題的解決做出了重要貢獻，使電腦順利問世。西元 1946 年 2 月 14 日，世界上第一臺通用計算機，即「電子數值積分計算機」——伊尼亞克（ENIAC），誕生於美國賓夕法尼亞大學。因此，馮・諾伊曼被譽為「電腦之父」。

　　在中國飛彈事業起步時期，還沒有電子電腦，科技人員只能用簡陋的手搖電腦進行複雜的彈道計算，那時，一個多月才能算出一條初步彈道。

　　手搖電腦的計算原理，是藉由齒輪轉動來完成「加減乘除」四則運算。計算時，先按數字撥動齒輪，每搖一次可完成一次加法，乘法則需搖動多次才能完成。例如，計算「×654.321」，

第六章　兵與火，電與數

就要移動齒輪6次，用手搖20多次，既耗時又費力。有時候，涉及三角函數與對數函數的運算，計算員還要查閱厚厚的對數表。

龐大的電子數字積分計算器

中國科學家使用過的手搖電腦

中國從 1957 年開始研製通用數位電子電腦，到 1958 年 8 月 1 日，該機可以做短程式運行，象徵第一臺由中國自行研發的電子電腦誕生。2016 年，「神威·太湖之光」超級電腦以每秒 12.5 億億次的最大計算能力，與每秒 9.3 億億次的持續計算能力，榮登世界最快的電腦榜首，直到兩年後才被超越。

2. 改變世界的圖靈

英國數學家、邏輯學家圖靈（Turing），被稱為「電腦科學之父」、「人工智慧之父」。西元 1931 年，圖靈進入劍橋大學國王學院，畢業後到美國普林斯頓大學攻讀博士學位，第二次世界大戰爆發後回到劍橋大學。

第二次世界大戰爆發後不久，英國對德國宣戰，圖靈隨即入伍，在英國戰時情報中心「政府密碼學校」服役。當時，德國研製出了恩尼格瑪密碼機（Enigma），能將平常的語言文字（明文）自動轉換為程式碼（密文），再藉由無線電或電話線路傳送出去，即使被截獲，對方也只能看到一大堆亂碼。Enigma 被認為是有史以來最為可靠的加密系統之一，使德軍於「二戰」期間的保密通訊技術處於領先地位。

圖靈帶領 200 多位密碼專家，研製出名為「Bombe」的密碼破譯機，後又研製出效率更高、功能更強大的密碼破譯機「Colossus」,將「政府密碼學校」每月破譯的情報數量從 39,000 條提升到 84,000 條。圖靈與同事破譯的情報,在盟軍諾曼第登陸等重大軍事行動中發揮了重要作用,圖靈因此在 1946 年獲得「大英帝國勳章」。圖靈的貢獻還有很多,他最大的貢獻是在可計算性理論方面,奠定現代電腦原理的自動機以他的名字命名為「圖靈機」。為了紀念他對電腦科學的重大貢獻,美國電腦協會(ACM)於 1966 年設立了一年一度的圖靈獎,表彰在電腦科學中做出突出貢獻的人,圖靈獎也被譽為「電腦界的諾貝爾獎」。

3. 有趣的密碼學

1943 年,地球另一側的太平洋戰場,美國從破譯的日本電報中得知山本五十六將於 4 月 18 日乘坐中型轟炸機,由 6 架戰鬥機護航,到布因(Buin)視察。羅斯福總統決定截擊山本,隨後山本所乘坐的飛機,於前往布因的途中被美軍擊毀,機毀人亡,日本海軍從此一蹶不振。

密碼學的發展直接影響了第二次世界大戰的戰局,而戰爭也促進了加密解密技術的快速發展。戰後,密碼理論得到了蓬勃發展,密碼演算法的設計與分析互相促進,出現了大量的加密演算法與各種分析方法。此外,密碼的使用也擴張到各個領域,出現了許多標準化的加密規範,從而促進了現代網路與資

訊傳播技術的發展。這些演算法，用到了許多基礎數論中的理論，特別是公開金鑰加密系統（例如，RSA 演算法、橢圓曲線加密等），是數學研究與現代電腦技術結合的產物。下面介紹其中典型的幾種演算法。

（1）DES 演算法

DES 演算法（Data Encryption Standard），即美國資料加密標準，是 1972 年美國 IBM 公司研發的對稱金鑰演算法。DES 是區塊加密法的典型代表，分組長度是 64 位元，金鑰長度為 56 位。

DES 設計使用分組加密的兩個原則：混淆與擴散，其目的是抗擊敵手對密碼系統的統計分析。混淆是使密文的統計特性與金鑰的取值之間的關係盡可能複雜化，以使密碼分析者無法利用金鑰和明文及密文之間的依賴性。擴散的作用是將每一明文位的影響盡可能迅速地作用到較多的輸出密文位中，以便在大量的密文中消除明文的統計結構，並使每一位金鑰的影響盡可能迅速地擴展到較多的密文位中，防止對金鑰進行逐段破譯。

（2）MD5 及 SHA-1

MD5 為訊息摘要演算法（Message-Digest Algorithm 5），是一種被廣泛使用的密碼雜湊函式（Cryptographic hash function），可以產生出一個 128 位（16 個位元組）的雜湊值，用於確保資訊傳輸的完整一致。MD5 是由美國密碼學家羅納德·李

維斯特（Ronald L. Rivest）設計的。1991年，李維斯特在MD4的基礎上增加了「安全帶」的概念，開發出技術上更為成熟的MD5演算法。

MD5演算法可以簡要地敘述為：MD5以512位分組來處理輸入的資訊，且每一分組又被劃分為16個32位子分組，經過了一系列的處理後，演算法的輸出由4個32位分組組成，將這4個32位分組級聯後將生成一個128位雜湊值。利用這種原理，MD5就可以為任何檔案（不管其大小、格式、數量）產生一個獨一無二的「數位指紋」，如果任何人對檔案做了任何改動，其MD5值，也就是對應的「數位指紋」都會發生變化。

（3）RSA演算法

1977年，美國麻省理工學院的3位學者提出了第一個較為完善的公開金鑰密碼演算法——RSA演算法（以3位發明人的名字首字母命名），這是一種基於大質數因子分解數學難題上的演算法。

所謂的公開金鑰密碼系統，是使用不同的加密金鑰與解密金鑰，是一種基於「由已知加密金鑰推導出解密金鑰在計算上是不可行的」這一原理的密碼系統。

為提高保密強度，RSA金鑰至少為500位長，一般推薦使用1,024位。這就使得加密的計算量很大。為減少計算量，在傳送訊息時，常採用傳統加密方法與公開金鑰加密方法相結合的

方式,即採用改進的 DES 或 IDEA 金鑰加密,然後再使用 RSA 金鑰加密對話金鑰與訊息摘要。對方收到訊息後,用不同的金鑰解密並可核對訊息摘要。

RSA 演算法,自 1978 年提出至今已有 40 多年歷史,它已經歷了各種攻擊的考驗,逐漸被人們所接受,是目前應用最廣泛的公開金鑰方案之一。

第七章
大數據的時代

　　大數據一詞最早出現在西元 1990 年代，是由美國資訊科學家最早提出或至少最早公開使用的。2010 年以來，大數據一詞迅速升溫，各行各業都從大數據中挖掘出大量有價值的資訊，不斷推動大數據的研究與應用。今天，數據規模已從 TB（10^{12}）到 PB（10^{15}）到 EB（10^{18}）再到 ZB（10^{21}），千倍級的成長，使世界迅速進入大數據時代。

1. 不睡覺的大數據

　　大數據是巨量、高成長率及多樣化的資訊資產，它大到無法在一定時間範圍內使用常規軟體工具進行捕捉、管理及處理，需要新的處理模式才能發揮其更強大的決策力、解析力及流程改良能力。數據科學家歸納出大數據的 5V 特徵：Volume（大量）、Velocity（高速）、Variety（多樣）、Value（低價值密度）、Veracity（真實性）。

　　當今世界保存的所有資訊中，有 90％是在過去幾年中產生

第一部分　探索資料演進的軌跡

的。還有個說法，過去兩年產生的資訊量比之前整個人類歷史所產生的資訊總量還多。在短短的十幾年時間裡，地球已經迅速從一個模擬化的世界變成了數位化的世界。

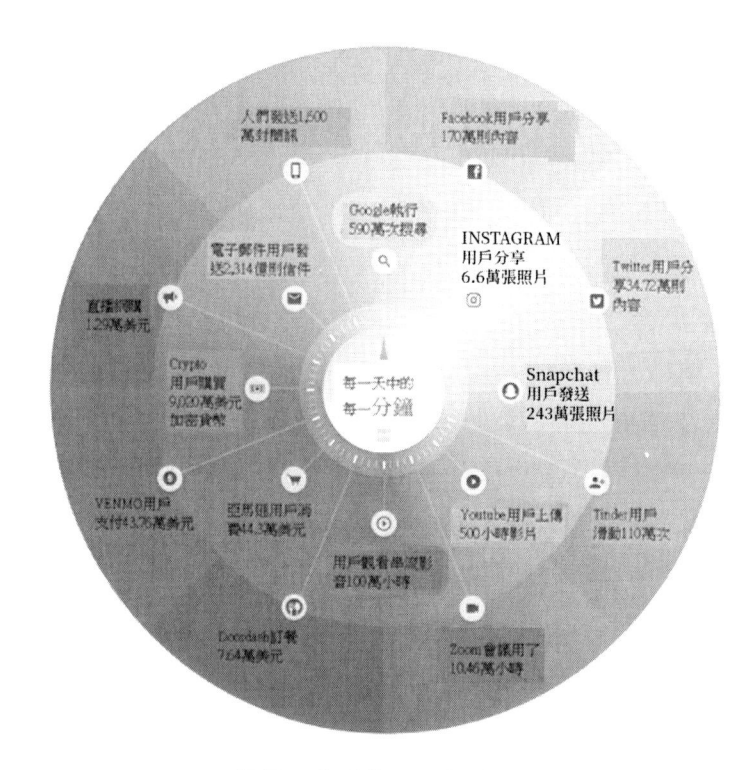

資訊不會睡覺 10.0 版 (2022)

網路上每分鐘能產生多少資訊？每天呢？DOMO 公司每年都會做一張名為「資訊不會睡覺」的圖片，量化了在平常的每一分鐘裡，網路上所發生的事情，附圖是 10.0 版，描繪的是 2022 年的資訊。其規模之大，令人難以想像。舉例來說，在一分鐘

內，Google 執行了 590 萬條搜尋，Youtube 使用者上傳了 500 個小時的影片，Facebook 使用者分享了 170 萬則貼文，亞馬遜使用者消費了 44.3 萬美元，Zoom 使用者在會議中度過了 10.46 萬個小時……這張圖還告訴我們，2022 年全球的網路使用者已經達 50 億人次。

2. 資訊之大，地球裝不下

資訊的來源與種類非常之多，包括科學資訊、經濟資訊、社交網路資訊、工業資訊、交通資訊等。藉助感知設備、網際網路及行動網路的發展，資訊產出的速度與規模已發生了天翻地覆的變化。

2.1 科學資訊

科學資訊主要涉及自然科學、工程技術科學等領域，藉由基礎研究、應用研究、試驗開發等產生的資訊，藉由觀測、監測、考察、調查、檢驗、檢測等方式取得，且應用於科學研究活動的原始資訊與其衍生資訊。隨著科學設備越來越先進，科學資訊量也越來越多，例如，利用電子顯微鏡重建大腦中的神經迴路，1 立方公釐的大腦中的影像資訊就超過 1PB。

歐洲核子研究組織（CERN）建造的大型強子對撞機 LHC

(Large Hadron Collide），是有史以來人類建造的最複雜的機器之一，可研究未知的量子物理世界，它每年產生的資訊量達到 50-75PB。

大型強子對撞機位於瑞士日內瓦附近。粒子加速器中擁有非常高的能量密度，在長達 27 公里的對撞軌道中用來碰撞質子，模擬宇宙誕生之後的物質狀態，其中擁有無數探測器，以記錄這個過程，以用於科學研究。從最基本的意義上來看，它就像一臺時間機器。

來自全世界的研究機構與大學的近萬名科學家參加了大型強子對撞機上的 4 個主要實驗。這 4 個實驗分別是大型離子對撞實驗、超環面儀器研究實驗、緊湊緲子線圈研究實驗、大型強子對撞機底夸克實驗。這些實驗於 2009 年投入研究，將探索物理學最先進的課題，包括尋找物質質量起源的希格斯粒子、反物質、暗物質、暗能量及超對稱粒子等。到 2012 年底為止，這些實驗已經累積了超過 200PB 的資訊，且實驗將持續 20 年以上。

2018 年的每一次運行中，大型強子對撞機在 4 個主要實驗（ATLAS、ALICE、CMS 及 LHCb）中的每一個實驗裡，每秒產生大約 10,024 億次粒子碰撞，每次碰撞可以提供約 100MB 資訊，因此預計年產原始資料量約為 40ZB。

大型強子對撞機累積的實驗數據，需要進行分析處理，這對計算系統是一個巨大的挑戰，而世界各地的數千名科學家都

第七章　大數據的時代

希望了解並分析這些資料。為了解決這個問題，歐洲核子研究組織建立了一個平台分布式計算項目——LHC@home。這個由歐洲核子研究組織發起，全球多個國家、地區的尖端物理研究機構與全球科學研究教育網路營運商共同參與的項目，採用虛擬專用網路技術與靈活的網路排程技術，將為大型強子對撞機實驗數據的全球交換和共享提供更加優質、高效、穩定的網路環境。

隨著 LHC@home 的推廣與成功應用，不僅為大型強子對撞機的科學研究提供服務，也為具有全球資訊共享需求的其他尖端物理實驗，如日本的 Belle II 提供資訊交換服務。同時，LHC@home 也在網路效能檢測、未來網路技術與架構等方面展開全球合作。

浩瀚蒼穹，喚起人類永恆的好奇，仰望星空，離不開功能強大的望遠鏡。與傳統的光學望遠鏡不同，電波望遠鏡（Radio Telescope）的天線蒐集天體的無線電波，接收機將這些訊號加工並轉化成可供記錄、顯示的形式，終端設備再把數據記錄下來，依照特定的需求進行處理然後加以顯示。

「中國天眼」，又稱 FAST，位於貴州省平塘縣，是中國的重大科技基礎設施。

FAST 能幫助人們捕捉到更多來自宇宙的訊息，這也意味著「天文級」的大量資訊儲存和複雜的計算要求。FAST 巡天一圈，耗時 20 天左右。建設早期，FAST 的計算效能需求就要達到每

秒 200 兆次以上，儲存容量需求達到 10PB 以上。FAST 捕獲的大量資訊，透過光纖專線從 FAST 所在地區直接連結到 100 多公里外的貴州師範大學內。而 FAST 早期科學數據中心，則負責將即時傳送的大量資訊進行儲存、計算和篩查。

FAST 捕捉到的這些大量宇宙原始資訊，經過十幾年甚至幾十年也可能有新的發現，所以這些寶貴的資料需要長時間儲存。因此，隨著時間的推移與科學任務的深入，FAST 對運算效能和儲存容量的需求，將呈現爆炸式成長，資訊量與運算量都將「大得驚人」。

「中國天眼」FAST

2018 年，FAST 安裝了 19 波束 L 波段饋源接收機。這臺先進的設備啟用後，FAST 巡天速度將提高 5～6 倍，同時，也將拓展更多的科學觀測目標。FAST 周圍還將建置一些口徑 30 公尺至 50 公尺的無線電波望遠鏡，組成「天眼陣」以提高解析度，從而獲得電波源更精確的定點陣圖。19 波束接收機每天將產生原始資料約 500TB，處理後將壓縮到 50TB，依每年運行 200 天

計，將產生約 10PB 的超大量資訊，這對 FAST 早期科學數據中心的儲存及超級計算能力都將是一個嚴峻的考驗，預計未來 10 年，FAST 產生的資訊量將達到 100PB。

在澳洲、南非及南部非洲的 8 個國家，2020 年開始建設的世界最大的綜合孔徑無線電波望遠鏡——澳洲平方公里電波望遠鏡，簡稱 SKA，由全球十多個國家合資建造。

SKA 建成後，有望揭示宇宙中誕生的第一代天體，重現宇宙從黑暗走向光明的歷史過程；有望以宇宙最豐富元素——氫，繪製宇宙最大的三維結構圖；有機會發現銀河系幾乎所有的脈衝星、發現來自超大質量黑洞產生的重力波、重建宇宙磁場的結構、探知宇宙磁場的源頭；還有望揭開原始生命的搖籃，尋找茫茫宇宙深處的知音……

澳洲平方公里電波望遠鏡

SKA 不僅承載孕育世界級科學研究成果的使命，還將產生世界上前所未有的超資訊量。據推算，僅按照其全部規模的

10%來建造的第一階段,科學處理器所需的運算能力就相當於中國超級電腦「天河二號」的 8 倍、「神威・太湖之光」的 3 倍。如此龐大的資訊還需要深度分析和加工後,才能被科學家使用,這些工作要由分布於幾大洲的區域資料中心合作完成。

2.2 網路平臺資訊

巨量的使用者是網路公司得以成功的關鍵,成功的事業離不開大量使用者的支持。

網路公司在拓展市場的初期階段,都經歷了各種爭奪使用者的瘋狂時期。2016 年 6 月 7 日,某外送平臺宣布平臺日訂單量首次突破 500 萬,平臺使用者超過 7,000 萬人。實際上,該平臺曾在大學社群上推送廣告,讓使用者人數開始大大提升,因為他們抓住了最需要外送的族群 —— 在家打遊戲的宅男。

然而,企業斥資所吸引而來的大量使用者,能否「黏住」,轉化成長期且忠誠的使用者,取決於網路公司如何為使用者提供好的、個性化的服務,這是一個更大的挑戰。網路公司的特性,決定了他們要盡可能多地蒐集使用者的資訊,並以資訊作為服務的基礎。

有間航空公司推出一款 App,為旅客提供從行程規劃到抵達目的地全流程的完整資訊服務。這個 App 整合了使用者出門前、飛行中、到達後的幾乎所有與航空旅行相關的資訊。有了這些資訊,App 可以執行精準的動態分析與預測,包括航班時

刻資訊、機場天氣、航路天氣、機場能見度、機場流量、歷史準點率、客座率等，並提前數小時把結果提供給使用者；並且，基於對使用者的分析，還可以提供個人化服務。正是資訊的支持，使這些 App 可以「黏」住上千萬名使用者。這充分說明了網路在資訊管理與應用的強大能力。

2.3 交通資訊

由於出遊或返鄉的需求，節日期間的鐵路線上售票系統將面臨巨大考驗。售票高峰期間的頁面瀏覽量（PV 值）與平日可能有高達上千倍的差異。面對龐大的頁面瀏覽量，若不能於短時間內動態調整網路頻寬或增加伺服器數量，就會造成網路阻塞或導致伺服器效能無法滿足需求，甚至造成整個系統崩潰。

因為節日期間的工作量是平時好幾倍，不可能以高峰期的工作量標準來架設網站，有個策略是在高峰來臨之前，把流量、使用者瀏覽等需求轉移至雲端，在節日期間集中釋放出來，這樣就實現了平日與節日之間的平衡。

可以利用外部雲端運算資源分擔系統查詢工作，根據高峰期工作量的增加，依照需求及時擴充。適合放在公用雲端提供服務的主要有 Web 服務、應用程式快取和餘票查詢／統計這三大伺服器叢集，其中餘票查詢／統計業務最耗系統資源，而外部雲端能分擔高達 75% 的流量。

也可以利用雲端運算平臺虛擬化技術，將若干伺服器的記

憶體集中起來，組成大型的記憶體資源池，將全部資訊載入到記憶體中進行運算。運算過程本身不需要讀寫磁碟，大幅提高了運算速度，只是定期將資訊同步或非同步寫入磁碟。

依託大量即時資訊，智慧運輸系統也開始逐步發展，從智慧引導看板、智慧號誌燈等智慧運輸項目著手，改善城市交通管理，緩解道路壅塞，為市民提供更好的交通服務。現在，出門前查詢壅塞指數，可以預知交通狀況。

利用即時影像分析來控制紅綠燈時間，可以提升整體車流速度。在某些區域最快能將速度提升十幾個百分點，最慢也能提升 4 個百分點。而這只是智慧運輸系統的初步發展，在投入大量資源後想必會有可觀成長。

2.4 商業資訊

近年來，網路平臺的消費規模已呈現爆炸性成長。某大型線上購物平臺的一次活動中，短短數分鐘內的交易總量便超過了過往一整天的紀錄。與數年前的初次活動相比，成交量成長數千倍。支撐這龐大交易洪流的，是背後先進的資料處理系統，其每秒處理數量屢破紀錄，在幾分鐘內完成了相當於早期一整天交易規模的運算與處理。

2.5 工業資訊

企業對資訊的累積其實更為久遠，有些甚至可以追溯到 1960 年代資訊科技開始於企業廣泛應用時。經過幾十年的累積，企業累積的資料量也頗為龐大，從 IDC 等關於美國各行業 2009 年之資料儲存統計中我們可以看到，各行業中保有資料量最大的是間斷式製造業，有多達 966PB 的資料，超過政府 848PB 的儲存量。另外，流程製造業也有多達 694PB 的資料，居第四位。麥肯錫全球研究院的報告〈大數據：創新、競爭及生產力的全新疆界〉(*big data: the next frontier for innovation, competition, and productivity*) 顯示，在美國的 17 個工作領域中，有 15 個領域的公司的資料儲存量比美國國會圖書館還多，這些大數據主要來自全球數十億筆的交易。沃爾瑪就是一個典型案例。這一零售業巨擘每小時要處理超過 100 萬筆客戶交易，其資料庫預計包含超過 2.5PB 的資料，相當於美國國會圖書館全部書籍中所含資訊的 167 倍。另外，諸如英特爾等企業每天記錄的有關其客戶、供應商及業務營運的資訊量也非常龐大。大數據正從原來的儲存難題，轉變為新的策略性資產，成為可以為事業各方面提升洞察力的「金礦」。

工業大數據是工業資料的總稱，包括企業資訊化資料、工業物聯網資料及外部跨界資料。工業從來不單純追求資料量的龐大，而是透過系統化的資料蒐集和分析手段，進行資料分析、需求預測、製造預測，利用資料去整合產業鏈及價值鏈，實現

第一部分　探索資料演進的軌跡

價值的最大化,這就是工業大數據的模式。新工業革命時代將價值鏈進一步延伸,以產品作為服務的載體,以使用資料作為服務的媒介,在使用過程中不斷挖掘使用者需求的缺口,並運用資料探勘所產生的資訊為使用者創造價值。

以風力發電為例,風力發電機本身的差異化並不明顯,使用者的客製化需求也並不強烈,但是風力發電機在運行過程中的發電能力、運行穩定性及維護成本等卻是價值核心。利用風力發電機的運行大數據可以對風力發電機進行健康管理,對潛在的運行風險進行預測與對風場的維護進行優化,從而提升風力發電機的使用率,改善發電效率與降低維護成本。風力發電機的製造廠商也可以不再僅僅藉由賣出裝備獲得一次性的盈利,還可藉由向使用者提供加值服務實現持續性的盈利。例如,有製造廠商對 3 個月風力發電機做功情況進行建模,分析獲得風力發電機迎風角和發電量的變化模式,判斷是否需要進行調整,經過對測風資料掃描,發現高達 32.51% 的風力發電機存在 4 度以上對風偏差。他們使用測風儀資料調整偏航角度,以保證風力發電機用最大迎風角發電,矯正後每臺風力發電機每年可多發電 3.13 萬元,這一技術為客戶提供每年超過 1.5 億元的經濟效益。

類似的例子:奇異公司利用 Predix 雲端為德克薩斯州一家風力發電廠所做的調整。這家企業擁有 273 臺渦輪機,藉由調整成功地將年發電量提高了 3%～5% —— 相當於增加了 21 臺

第七章　大數據的時代

新的渦輪機。

工業大數據將製造延伸到設備的使用與售後服務過程。如今,越來越多的產品上安裝了各式各樣的感測器,可即時蒐集各種資料,促使產品變得越來越智慧化。以汽車為例,雖然電子控制系統早在十幾年前就已配備到汽車上,但早期所捕捉蒐集的汽車資料,僅儲存於車體的控制主機板中,主要用於汽車故障的診斷,而且這些資料覆蓋的範圍很小。今天,許多車輛已經可以接上網路,實現資料即時上傳。汽車資料也像其他資料一樣爆發,從涓涓細流轉變為大江大河。

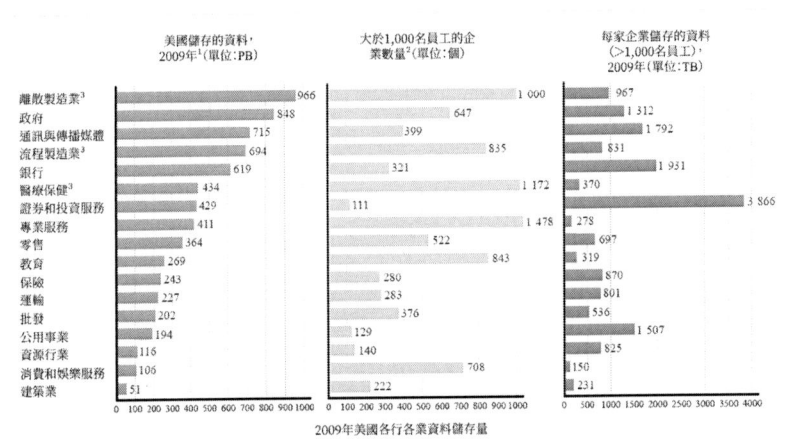

行業	美國儲存的資料,2009年[1](單位:PB)	大於1,000名員工的企業數量[2](單位:個)	每家企業儲存的資料(>1,000名員工),2009年(單位:TB)
離散製造業[3]	966	1 000	967
政府	848	647	1 312
通訊與傳播媒體	715	399	1 792
流程製造業[3]	694	835	831
銀行	619	321	1 931
醫療保健[3]	434	1 172	370
證券和投資服務	429	111	3 866
專業服務	411	1 478	278
零售	364	522	697
教育	269	843	319
保險	243	280	870
運輸	227	283	801
批發	202	376	536
公用事業	194	129	1 507
資源行業	116	140	825
消費和娛樂服務	106	708	150
建築業	51	222	231

2009年美國各行各業資料儲存量

1 資料來自國際資料公司
2 如果需要,企業資料根據勞屬關係拆分到幾個產業中
3 製造業和醫療保健產業龐大的企業數使得每家公司平均的可用儲存空間變得較小

資料來源:麥肯錫全球研究院

3. 小數據成就大

小數據，或稱個體資料，是指具有高價值的個體的、高效率的、個化的資訊資產。

現今各項設備正在蒐集個人一舉一動的資料，例如，智慧家電、電腦、智慧型手機、平板電腦、可穿戴式產品等，藉由資料整合與視覺化的方式，個人資料可以讓你更了解你自己。比較成熟的如運動手環、智慧手錶等可以蒐集身體資訊，告訴你每日的運動量如何。但小數據能提供的資訊不止於此，多種資料綜合分析還可以獲取諸如個人的飲食習慣、閱讀習慣、消費分析及個人財務等資訊。實際上小數據不僅是關於個體的資料，企業裡那些局部而具體的業務資料，例如，一份企業報表、一張薪資單、企業與供應商在一次採購中的訂單，與具體的產品、訂貨時間、價格、數量都有關係，也都是小數據。

大量的小數據最終匯聚成大數據，從而呈現出資料的整體特徵。社群網路中，每個個體的表現千差萬別，例如，IG 的粉絲數，多的如影視明星可能有數千萬粉絲，少的如普通民眾可能也就幾十個，但如果把所有人的粉絲資料整合起來，就明顯呈現出冪律分布。社群網路還有兩個著名的特徵：六度分隔（Six Degrees of Separation）與鄧巴數（Dunbar's number），六度分隔說的是在社群網路上，從一個人到另一個人之間，最多只相隔「6層」左右的距離。而鄧巴數是指人的一生大概只能與 150 個人

第七章　大數據的時代

保持密切的聯繫。這些都是大數據所分析出來的規律性。有時候，可以直接匯聚資料用於決策與流程，例如說，uber公司需要將車輛動態排程到人多的地方，只要檢視網路預約排程，整合車輛和乘客位置，車輛分布便一目了然。

小數據本身也很重要，大數據的優勢在於蒐集完整的全域性的樣本，但也有價值稀疏的弱點，需要經過高成本的資料分析。而小數據，由於經過清洗與加工，本身數量不大，但是資料品質很高，同樣具有重要價值。企業業務系統中的管理、營運數據，經過層層校對，也是值得重視的小數據。2009年，人類學學者特蕾莎‧王在對低收入人群進行實地訪查後，寫給當時的僱主Nokia公司一份詳盡的市場報告，告訴公司高層自己觀察並捕捉到的大量有價值的市場訊號——低收入族群已經準備好為更為昂貴的智慧型手機買單——建議Nokia增加投入，研發價格適中、專為低收入族群設計的智慧型手機。起初，Nokia總部對特蕾莎的報告持正面態度，但看到她的調查樣本只有100份時便產生疑慮，最後乾脆放棄了，因為與他們成百萬甚至上千萬的樣本量相比，特蕾莎的報告完全微不足道。後面的事情大家顯然都知道了，2013年11月11日，將Nokia收於麾下的微軟發布了首款自主品牌的手機——Lumia535，也代表Nokia品牌徹底告別智慧型手機市場。

當前流行的大規模定製生產模式，利用社群網路平臺，讓使用者深度參與產品的研發過程。在一款產品最初的創意階

段，15萬名社群使用者參與互動，並蒐集了1.5萬筆的意見回饋，這些來自個體的小數據，匯聚成群體智慧，用於挖掘新產品開發的創意。隨後675位使用者、6家模組供應商、25位設計師深度參與設計過程，最終經過技術突破瓶頸及5次設計迭代，這款新產品才得以產生並投入製造。在後續的迭代升級中，又有3,630位使用者參與及貢獻迭代意見。這個過程中，每個人的小數據也許個性十足，但匯聚起來就反映出具有商業價值的產品需求趨勢。

小數據的重要性還在於必須由它直接驅動業務。數據驅動的業務系統就如同生命體的神經網路系統，既有中樞神經、主幹神經，也有周圍神經系統與傳出神經纖維，還有深入機體每個角落負責感知的末梢神經。來自機器的感知數據、來自業務系統及外部市場的採集數據，具體而局部，就像涓涓細流彙集到企業資料空間中。而經過加工、分析處理後，向外驅動的數據需要再分解成若干具體的小數據，下沉分發到具體的業務系統，驅動各項業務的運行。

對企業系統來說，大數據帶來的決策價值無疑是寶貴的，但這些決策同樣需要底層系統的運行。例如，客戶訂製一臺汽車，它的發動機、內裝、輪胎、音響等，可能都是個性化選裝的，採用傳統的單件訂製當然可以，但無疑會帶來高昂的成本。若採用大規模訂製生產方式，這臺車仍然在生產線上批式生產，成本沒有提高，不過由於是混線生產，所需的是要精確、

準時地將顧客選裝件配送至生產線上對應的工位。這背後就需要將設計、採購、生產、裝配、包裝、物流等各環節的小數據精確地計算與分發下去。

4. 大數據服務小

大數據的挖掘是從大量的、不完全的、有雜訊的、模糊的、隨機的資料中發現隱含在其中的有價值的、潛在有用的資訊及知識的過程。大數據所蒐集的特徵，最終可以揭示小數據所不能揭示的事物背後的成功因素。然而，這些因素要有能夠轉化為真金白銀的價值，仍需回饋到個體。

導航系統藉由整合車輛即時位置大數據了解交通狀況，幫助車輛規劃交通路線，並由此展現出其價值。乳品公司記錄收奶時間、生牛奶的產地／時間以及加工環節的每一個中間環節，同時還記錄包裝、倉儲及物流的工作資訊，若產品出現品質問題時，能夠即時回溯整個生產過程。

個人化推薦系統是目前應用非常廣泛的一項技術，藉由蒐集與個體相關的各項資料進行綜合分析──包含基本資訊、行為軌跡、社群互動等，全方位地描述一個人的客觀表現，有時候可能比當事人自我認知更為清楚。例如，你在社群媒體瀏覽新聞時，並沒有刻意地選擇內容的種類，但是新聞類 App 的後

臺系統則精確掌握你的偏好，持續推播你可能感興趣的內容，增加你在 App 上停留的時間，這實際上是基於你個人每次瀏覽新聞的大數據，經過一段時間的累積，你的數據就反映了你的偏好。

個人化推薦系統可以用來精確定位客戶，例如，銀行業務中，可以根據不同的資料將客戶分成以下幾類：

- 潛在理財客戶：定期將薪資／收入轉到理財 App 的高度活躍使用者；
- 潛在消費貸款客戶：年齡＋收入＋薪資帳戶餘額＋網購 App 活躍＋理財 App 不活躍＋貸款 App 活躍；
- 潛在分期使用者：年齡＋收入＋薪資＋月還款金額＋還款時間；
- 潛在購房使用者：年齡＋收入＋無房產＋出現在房產銷售區域＋出現在學區房區域＋學齡前子女；
- 潛在購車使用者：年齡＋收入＋無車＋汽車類 App 高度活躍使用者＋汽車論壇發言；
- 潛在外幣使用者：境外消費／機場位置＋旅遊 App 高度活躍使用者＋境外旅遊社群資料。

再比如保險業務關注的客戶分類：

- 潛在車險客戶：使用車用 App 較為活躍；

- 潛在意外險客戶：商旅客戶／戶外運動客戶／危險行業客戶（危險行業從業、存在飆車等行為）；
- 潛在養老保險使用者：年齡＋收入＋職業；
- 潛在人壽保險使用者：年齡＋收入＋職業＋家庭資訊；
- 潛在重大疾病保險使用者：年齡＋收入＋職業＋家庭資訊＋就醫；
- 潛在旅遊保險使用者：商旅客戶／戶外運動客戶／旅行位置資訊。

最終，大數據作用於個體而展現出其價值。

第一部分　探索資料演進的軌跡

第二部分
走進資料的世界

第二部分　走進資料的世界

第八章
機率與資料分布

人們在日常生活中普遍受到以數量資訊為基礎的決策論的影響。除那些可以精確感知與測量的資料外，人們也常常會遇到一些不確定的資料，可能是好奇，或有事件處理的需求，人們需要推斷這些「不確定」的資料。例如，自古戰爭都是「知己知彼，百戰百勝」，能「知」固然好，不能知也有辦法，那就是「料敵致勝」，這裡的「料」，其實就是推測與假設。

經過漫長的觀察，人們發現涉及可能性或發生機會等概念的事件，其發生和發展是有規律可循的，一個事件的可能性或一個事件的發生機會是與數學有關的，我們稱這種可能性為機率。由於機率論的創立與發展，現在，基於假設試驗與假設檢驗等的一系列科學方法已經在資料處理領域得到廣泛的應用。

1. 揭示資料的規律

我們日常所見所聞的事件大致可分為兩種：
一種是在一定條件下必然發生的事件。如太陽從東方升

第二部分　走進資料的世界

起,在標準大氣壓下,水在100°C時會沸騰,我們稱這些事件為必然事件。

此外,還有大量事件的發生或者不發生是無法確定的。如明天的氣溫比今天的低、擲一枚硬幣得到正面向上的結果。我們常說「足球是圓的」,那就是因為誰也說不準球場上的勝負。這種可能發生也可能不會發生的事件被稱為隨機事件。

隨機事件是指在相同條件下,可能出現也可能不出現的事件。例如,從一批混合有良品與瑕疵品的商品中,隨意抽樣一件,「抽得的是良品」就是一個隨機事件。反映隨機事件出現的可能性大小的量度就叫做機率,亦稱為「或然率」。如果對某一隨機現象進行了 n 次實驗與觀察,其中 A 事件出現了 m 次,即其出現的頻率為 m／n。經過大量反覆實驗,將發現 m／n 越來越接近某個確定的常數。該常數即為事件 A 出現的機率。這背後還有一個大數法則在發揮作用,不太嚴格地論述這個定理就是,在實驗條件不變的情況下,重複實驗多次,隨機事件的頻率近似於它的機率。在看似偶然中似乎又包含著某種必然。

機率論的研究起源於義大利文藝復興時期。當時,賭徒夢想找到擲骰子決定勝負的規則,於是向學者卡爾達諾(Gerolamo Cardano)請教,卡爾達諾死後才出版的《論賭博遊戲》一書中有很多給賭徒的數學建議,此書被認為是第一部機率論著作,對現代機率論有開創之功。

17 世紀,法國貴族德‧梅勒在骰子賭博中,有急事必須中

途停止賭博。雙方各出的 30 個金幣的賭資要靠對勝負的預測進行分配，但不知用什麼樣的比例分配才算合理。德‧梅勒寫信向當時法國最具聲望的數學家帕斯卡請教，問題主要是兩個：擲骰子問題與比賽獎金分配問題。帕斯卡又和當時的另一位數學家費爾馬長期通訊討論。於是，一個新的數學分支——機率論產生了。

早期這種從擲硬幣、擲骰子及摸球等賭博遊戲中，開始的機率研究所針對的問題有兩個共同特點：一是實驗的樣本空間（某一實驗全部可能結果的各元素組成的集合）有限，如擲硬幣有正、反兩種結果，擲骰子有 6 種結果等。二是實驗中每一個結果出現的可能性相同，例如：假設硬幣與骰子各面均勻的前提下，硬幣擲出正、反面的可能性各為 1／2，擲骰子出現各種點數的可能性各為 1／6。具有這兩個條件的隨機實驗，被稱為古典機率模型或等可能機率模型。提供一個嚴謹的定義，如果一個實驗滿足兩種條件：

(1) 實驗只有有限個基本結果；

(2) 實驗的每個基本結果出現的可能性是一樣的。

這樣的試驗便是古典實驗。

計算古典機率模型的方法稱為機率的古典定義或古典機率。古典機率由於所針對的隨機事件中各種可能發生的結果及其出現的次數都可以由演繹或外推法得知，而無須經過任何統計實驗，所以通常又叫事前機率。

第二部分 走進資料的世界

但是，隨著人們所遇到問題的複雜程度的增加，等可能性逐漸暴露出它的弱點，特別是對同一事件，可以從不同的等可能性角度算出不同的機率，從而產生各種悖論。另外，隨著經驗的累積，人們逐漸發現，在做大量重複實驗時，隨著實驗次數的增加，一個事件出現的頻率，總在一個固定數值的範圍內擺動，顯示一定的穩定性。奧地利數學家、空氣動力學家米澤斯提出：大量重複試驗中相對頻率，漸趨於穩定的固定數值，即可定義為該事件的機率，這種觀點即為機率的頻率定義。但從數學理論觀點才看，機率的頻率定義還是不夠嚴謹的。

17、18世紀，研究機率的數學家人才濟濟，包括後世大名鼎鼎的數學家萊布尼茨與雅各布‧白努利。雅各布‧白努利是著名的白努利家族9位數學家中的一個，他們皆贏得卓越的聲譽，其中雅各布的兄弟約翰‧白努利，姪子尼古拉‧白努利與丹尼爾‧白努利都成為世界知名的數學家。第一篇廣受關注的機率論論文就是由雅各布‧白努利寫出的，他詳細地闡述大數定律的原理。尼古拉‧白努利把機率的概念用於法律問題。而丹尼爾‧白努利則把機率的計算運用於流行病學與保險學的研究。

同一時期，也是統計學蓬勃發展的時期，前一章所提到配第和葛蘭特開創和發展了政治算術學派，艾德蒙‧哈利延續這項工作，他發展了死亡表，被稱為「開創生命統計科學的人」。棣美弗說明了複合事件的機率程式，由機率原理推導出排列與

第八章　機率與資料分布

組合理論，並奠定了生命意外事故科學的基礎。西元 1733 年他在求二項分布的漸近公式中得到常態分布曲線方程式，後世眾多的歸納統計學理論均以此為基礎。

常見的常態分布曲線經常稱為「拉普拉斯曲線」、「高斯曲線」或「高斯－拉普拉斯曲線」，以表示對拉普拉斯與高斯的敬意。高斯由重複測量同一個量所出現的誤差，推導出常態分布曲線方程式，他還發明了最小化方法，並發展了觀察誤差理論。而拉普拉斯的最大貢獻是把統計學應用於天文學，並與馬里‧勒讓德共同合作，把偏微分方程式用於機率研究。西元 1815 年「誤差」一詞第一次出現在德國天文學家、數學家、天體測量學的奠基人之一的貝塞爾的著作中，他也發展了儀器誤差理論。此外，卜瓦松發展了以他本人名字命名的分布，即卜瓦松分布。

在統計學發展的支持下，產生了機率的統計定義：在一定條件下，重複進行 n 次實驗，nA 為 n 次實驗中事件 A 發生的次數，如果隨著 n 逐漸增大，頻率 nA／n 逐漸穩定在某一數值 P 附近，則數值 P 稱為事件 A 在該條件下發生的機率。這個定義稱為機率的統計定義。

在歷史上，第一個對「當實驗次數 n 逐漸增大，頻率 nA／n 穩定在其機率 P 上」這一論斷給以嚴格的意義與數學證明的就是雅各布‧白努利。

在 1890 年代以前，統計理論與方法的發展尚不完善，統計

第二部分　走進資料的世界

資料的蒐集、整理及分析皆受到許多限制。進入 20 世紀，英國數學家、生物統計學家卡爾‧皮爾森做了許多開創性的工作，被譽為「現代統計科學的創立者」。皮爾森建立了後來所稱的極大似然法，把一個二元常態分布的相關係數最佳值 p，用樣本積差相關係數 r 表示，被稱為「皮爾森相關係數」。

值得一提的是，皮爾森對「相關」這個概念十分著迷，認為這是一個比因果性更為廣泛的範疇，這與當下大數據研究領域的思想非常一致。

2. 神奇的資料分布

在機率論與統計學中，機率分布是一種函數，它提供了實驗中不同可能性的結果發生的機率。在應用中，數據的機率分布則是根據事件機率對隨機現象的描述。例如，x 用於表示拋硬幣「實驗」的結果，結果只有兩種，「正面」與「反面」，那麼 x 的機率分布對於「x ＝正面」的取值為 0.5，對於「x ＝反面」的取值也是 0.5（假設硬幣是公平的）。

數據分布的特徵可從三個方面進行測度和描述：

①分布的集中趨勢。反映各數據向其中心值靠攏或聚集的程度；

②分布的離散程度。反映各數據遠離其中心值的趨勢；

③分布的形狀。反映數據分布的偏度和峰度。

人們先是從數據統計中觀察到某些特殊的數據分布，經過研究，發現了這些分布所蘊含的特性，繼而利用這些分布去判斷數據是否異常。例如說，一次考試，根據一般情況，學生的成績通常呈常態分布，即優秀的和差的成績應該都比較少，大多數成績應該聚集在一個居中的位置。若某次成績不符合常態分布，那很可能是考題的難易程度沒有控制好，或學生整體學習成效未達預期。

2.1 常態分布

第一個被數學家注意到的數據分布是常態分布，其分布曲線呈鐘形，兩頭低、中間高、左右對稱。因其曲線呈鐘形，因此人們又常稱為鐘形曲線。

常態分布也稱為高斯分布，這個高斯就是享有「數學王子」之稱的卡爾・弗里德利希・高斯（Carl Friedrich Gauss），德國著名數學家、物理學家、天文學家、大地測量學家、近代數學奠基者之一。高斯也被認為是歷史上最重要的數學家之一，與阿基米德、牛頓並稱為世界三大數學家。

雖然被稱為高斯分布，但常態分布並不是高斯最早提出來的，常態分布的概念是由法國的數學家與天文學家棣美弗於西元 1733 年在研究擲硬幣的問題中首次提出的，他使用常態分布去推測大量拋擲硬幣出現正面次數的分布，但當時並沒有對這

第二部分　走進資料的世界

一現象進行命名。法國數學家拉普拉斯（Pierre-Simon Laplace）進一步擴展了棣美弗的理論，指出二項分布可用常態分布逼近，這是中央極限定理（Central Limit Theorem, CLT）的初期論述。

西元 1801 年 1 月，穀神星被發現，但這顆新星是彗星還是行星？這成為當時學術界關注的焦點。高斯創立了一種新的行星軌道計算方法，用 1 個小時就計算出了行星的軌道，並預言穀神星在夜空中出現的時間和位置。西元 1801 年 12 月 31 日晚上，德國天文愛好者奧伯斯（Heinrich Olbers）根據高斯預測的時間裡，用望遠鏡對準了預言中穀神星將會出現的天空，果然看到了穀神星！高斯因此聲名大振。

到了西元 1809 年，高斯系統性地完善了相關數學理論後，將他的方法公之於眾，而其中使用的資料分析方法，正是運用他創立的最大概似估計（maximum likelihood estimation）猜想方法以及馬里·勒讓德（Adrien-Marie Legendre）提出的最小平方法所推導出的常態分布。高斯的這項工作對後世影響極大，使常態分布同時有了「高斯分布」的名稱，後世之所以多將最小平方法的發明權歸之於他，也是出於這一項工作。

高斯一生成就極為豐碩，對數論、代數、統計、分析、微分幾何、大地測量學、地球物理學、力學、靜電學、天文學、矩陣理論及光學皆有貢獻，以他名字「高斯」命名的成果多達 110 項，屬數學家中之最。高斯頭像曾經被印到了德國 10 馬克鈔票上，其上還印有常態分布的密度曲線。這充分說明，常態

分布在高斯眾多的科學貢獻中,是最重要的一項成就。

西元 1810 年,拉普拉斯將高斯的工作與他發現的中央極限定理連繫起來,指出如果誤差可以被看成許多量的疊加,根據他的中央極限定理,誤差應該呈現高斯分布。這是歷史上第一次提到所謂「元誤差學說」——誤差是由大量的、由種種原因產生的元誤差疊加而成。

高斯與拉普拉斯的研究,為現代統計學的發展推開了一扇大門。其後建立在常態分布及中央極限定理基礎上的數理統計學快速發展起來,並成為眾多科學學科必備的研究和分析方法。

下面給出高斯分布的數學定義,一般常態分布的機率密度函數為:

$$f(x) = \frac{1}{\sigma\sqrt{2\pi}} e^{-\frac{(x-\mu)^2}{2\sigma^2}}$$

其中:μ、σ 分別為均值及標準差。

常態分布曲線圖中可以看到,靠近平均數 μ 的機率分布值最高,兩側無限延伸。要取到 50% 機率,橫軸半區間長度約為 0.67448975σ;橫軸區間 $(\mu-\sigma, \mu+\sigma)$ 內的面積為 68.268949%,橫軸區間 $(\mu-2\sigma, \mu+2\sigma)$ 內的面積為 95.449974%,橫軸區間 $(\mu-3\sigma, \mu+3\sigma)$ 內的面積為 99.730020%,說明在平均數左右各 3σ 的狹小區間內已經覆蓋了 99.73% 的分布。著名的六標準差 (Six Sigma) 管理法即由此得名,測量出的 σ 表示諸如單位缺陷

或錯誤的機率，σ值越大，缺陷或錯誤就越少。而 6σ 是一個目標，這個品質意味著所有的過程和結果中，99.99966%是無缺陷的，也就是說，做 100 萬件事情，其中只有 3.4 件是有缺陷的，這幾乎趨近於人類能夠達到的最為完美的境界。

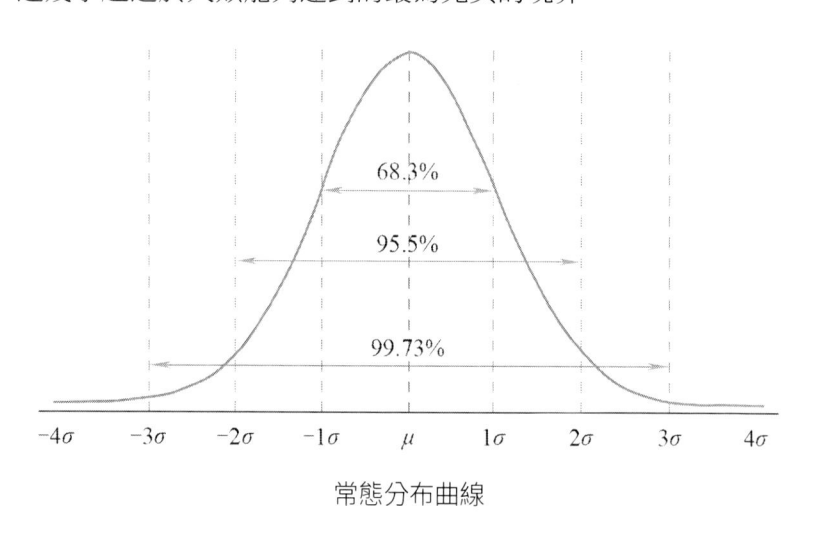

常態分布曲線

2.2 卜瓦松分布

日常生活中，許多事件是有固定頻率的。

某醫院平均每小時出生 3 名嬰兒；

某公車站平均每 10 分鐘來 1 輛公車；

某商場平均每天銷售 40 臺冰箱；

某網頁平均每分鐘有 200 次點選。

這些事件的共同特點是，我們可以預估這些事件的總數，

第八章　機率與資料分布

但是沒法知道具體的發生時間。卜瓦松分布就是描述某段時間內,事件具體的發生機率。

「描述單位時間內隨機事件發生的次數的機率分布」,前提是我們需要知道某段時間內事件發生的平均值。例如,我們在觀察通過十字路口的人的數量,假設我們已知道每分鐘內平均通過 5 人。那麼我們就能知道 1 分鐘內通過 1 人的機率。

可以再舉出一些例子,某一服務設施在一定時間內收到的服務請求的次數、電話鈴聲響的次數、公車站的候車乘客人數、機器出現故障的次數、自然災害發生的次數、DNA 序列突變次數、放射性原子核的衰變數、雷射的光子數分布等。這些例子其實都是描述單位時間內發生事件的次數的機率。

那麼,卜瓦松分布的現實意義是什麼,為什麼現實生活中的例子多數服從於卜瓦松分布?

舉一個例子,已知平均每小時出生 3 個嬰兒,請問下 1 小時會出生幾個?

有可能一下子出生 6 個,也有可能一個都不出生。這是我們沒法知道的。但是藉由卜瓦松分布的公式,我們就能計算符合卜瓦松分布的時間的機率,計算公式如下:

$$P[N(t) = n] = \frac{(\lambda t)^n e^{-\lambda t}}{n!}$$

公式中等號的左邊,P 表示機率,N 表示某種函數關係,t

第二部分　走進資料的世界

表示時間，n 表示數量，1 小時內出生 3 個嬰兒的機率，就表示為 $P[N(1) = 3]$。等號的右邊，λ 表示事件的頻率，已知 $\lambda = 3$。

有了這個公式，機率就可以算出來：

接下來 2 小時，一個嬰兒都不出生無的機率是 0.25%：

$$P[N(2) = 0] = \frac{(3 \times 2)^0 e^{-3 \times 2}}{0!} \approx 0.0025$$

表示此一事件不可能發生。

接下來 1 小時，至少出生兩個嬰兒的機率是 80%：

$$\begin{aligned} P[N(1) \geq 2] &= 1 - P[N(1) = 1] - P[N(1) = 0] \\ &= 1 - \frac{(3 \times 1)^1 e^{-3 \times 1}}{1!} - \frac{(3 \times 1)^1 e^{-3 \times 1}}{0!} \\ &= 1 - 3e^{-3} - e^{-3} \\ &= 1 - 4e^{-3} \\ &\approx 0.8009 \end{aligned}$$

表示此一事件極有可能發生。

依此一直計算下去，即可得出卜瓦松分布的圖形，如下方的統計圖。

從圖中可以看到，在頻率附近（平均每小時出生 3 個嬰兒），事件的發生機率最高，上面的例子中，1 小時內出生 3 個嬰兒是最可能的結果，出生數量越多或越少，就越不可能。這

第八章　機率與資料分布

就是卜瓦松分布的意義，也就是說，未來某一事件具體的發生機率，呈現以頻率為平均數的常態分布。

簡要回顧一下卜瓦松分布的發現歷史。西梅翁・德尼・卜瓦松（Siméon Denis Poisson）是法國數學家、幾何學家和物理學家。卜瓦松的科學生涯開始於研究微分方程及其在擺運動和聲學理論中的應用，他的工作特色是應用數學方法研究各類物理問題，並由此得到數學上的發現。卜瓦松對積分理論、行星運動理論、熱物理、彈性理論、電磁理論、位勢論及機率論都有重要貢獻。卜瓦松分布是西元 1837 年卜瓦松在他所著的關於機率論在訴訟、刑事審訊等方面應用的書中提出的。雖然這個分布更早些時候由白努利家族的一個人描述過，但是後來人們還是以卜瓦松的名字來命名。

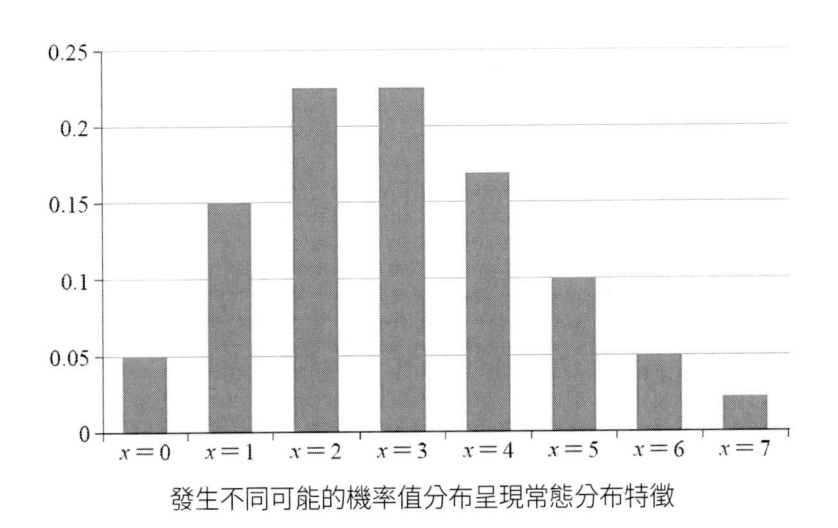

發生不同可能的機率值分布呈現常態分布特徵

第二部分　走進資料的世界

西元 1898 年，德國經濟學家博特基威茨（Ladislaus Bortkiewicz）出版了他的第一本統計書籍《沒有數字的法則》，當時他得到一個任務，調查西元 1875 年到 1894 年間，普魯士軍隊 14 個軍團部中偶然被馬踢傷而致死的士兵數量。這裡，我們用一個團一年作為統計單位，簡稱「團年」。這 280（20×14 = 280）個（團年）紀錄，按死亡人數來分，得到了如下表的左二欄所示結果。

在 280 個團年紀錄中，死亡人數共有 196 人，因此致死率為 $a = 196 / 280 = 0.7$（人／團年）。因為單位是 1 團年，所以 $\lambda = a \times 1 = 0.7$，我們就以此 λ 作為卜瓦松分布中的常數。理想中每團每年死亡人數 x 要遵循卜瓦松分布 $p(x;0.7)$。表中卜瓦松分布，把 280 個團年中有 x 人死亡的團年數列出。可以看到，右邊兩列的數據相當吻合。

每年死亡人數	團年數	280p (x ; 0.7)
x = 0	144	139
x = 1	91	97.3
x = 2	32	34.1
x = 3	11	8
x = 4	2	1.4
x ≥ 5	0	0.2

普魯士軍隊偶然被馬踢傷致死士兵數量統計

下面來看看卜瓦松分布是怎麼定義的？

判斷一個變數是否服從卜瓦松分布，需要滿足以下條件：

x 是在一個區間（時間、空間、長度、面積、零件等）內發生特定事件的次數，可以取值為 0,1,2,……；

一起事件的發生不影響其他事件的發生，即事件獨立發生；

事件的發生率是相同的，不能有些區間內發生率高一些而另一些區間發生率低一些；

兩起事件不能在同一個時刻發生；

一個區間內一起事件發生的機率與區間的大小成比例。

滿足以上條件，則 x 就是卜瓦松隨機變數，其分布就是卜瓦松分布。

卜瓦松分布的機率分布用公式表達為：

$$P(x=x) = \frac{\lambda^x}{x!}e^{-\lambda}$$

其中：$\lambda > 0$ 為常數，是區間事件發生率的平均數，e 是自然常數。

需要指出的是，卜瓦松分布是一種描述及分析稀有事件的機率分布。

所以要觀察到這類事件，樣本含量 n 必須很大。比如，一個產品存在瑕疵的數量、公路上每日出現交通事故的數量、放射性物質在單位時間內的放射次數車身焊接中瑕疵點的數量等。

卜瓦松分布有一個很好的性質，即如果把大區間分為若干個小區間，或者若干個小區間合併成一個大區間，則隨機變數仍然服從卜瓦松分布。例如，交警察在研究道路上車輛事故次數時，發現每日事故次數偏少，經常是 0 次、1 次，偶爾有 2 次，這樣就可以考慮以週為單位來統計。若仍樣本數仍不足，則可以考慮以月為單位。這樣就可以把數據放大到利於分析程度。

2.3 指數分布

指數分布（exponential distribution）與卜瓦松分布很類似。卜瓦松分布表示的是事件發生的次數，「次數」屬於離散變數，所以卜瓦松分布是離散隨機變數的分布。而指數分布是兩件事情發生的平均間隔時間，「時間」屬於連續變數，因此，指數分布是一種連續隨機變數的分布。

例如，一個公車站 1 小時內出現的公車數量可以用卜瓦松分布來表示，而一個公車站任意兩輛公車出現的間隔時間就需要用指數分布來表示。指數分布是事件的時間間隔的機率。下面這些都屬於指數分布。

- 嬰兒出生的時間間隔；
- 來電的時間間隔；
- 商品銷售的時間間隔；

- 網站被瀏覽的時間間隔。

指數分布的圖形大概是如下圖所示的樣子。

可以看到,隨著間隔時間變長,事件的發生機率急遽下降,呈指數級衰減。試想,若每小時平均有 3 個嬰兒出生,則下一個嬰兒間隔 2 小時才出生的機率為 0.25%,那麼間隔 3 小時、間隔 4 小時的機率,是不是更接近於 0?

根據推導,指數分布的機率密度函數為:

$$f(x) = \begin{cases} \lambda e^{-\lambda x} & x \geq 0, \\ 0 & x < 0, \end{cases}$$

式中,x 是給定的時間;λ 為單位時間內事件發生的次數;$e \doteqdot 2.71828$。

一句話總結:卜瓦松分布是單位時間內獨立事件發生次數的機率分布,指數分布是獨立事件的時間間隔的機率分布。

2.4 長尾分布

如前所述,指數分布是說隨著間隔時間變長,事件的發生機率急遽下降,當時間趨向無窮,即 $x \to \infty$ 時,指數分布是以指數的速率下降並趨近於 0 的。如果發生機率的下降速度慢一些,就會形成一條長長的「尾巴」,現實生活中,很多這樣長尾型的分布 (The Long Tail),如齊夫定律 (Zipf's law)、柏拉圖分

布（Pareto distribution）、萊維過程（Lévy Processes）及冪定律（Power laws）等。

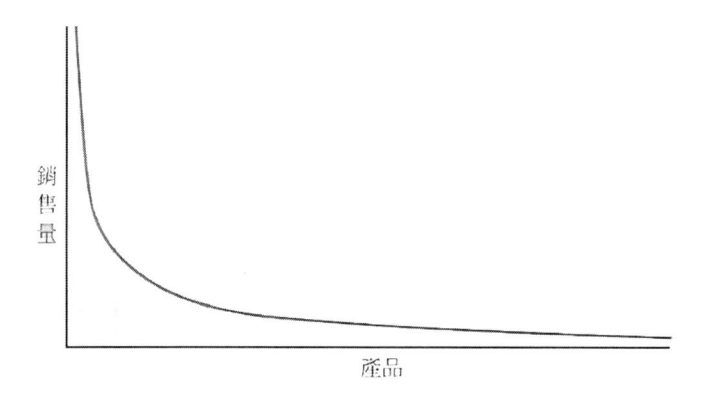

典型的長尾分布

長尾分布以及隨之發展出的長尾理論是一個與網路發展分不開的概念。2005年，《連線》（*Wired*）雜誌主編克里斯・安德森（Chris Anderson）出版了《長尾理論》一書，全書以長尾分布為主軸，闡述了商業和文化的未來不在於傳統需求曲線上那條代表「暢銷商品」的「頭部」，而是在那條代表「冷門商品」經常被人遺忘的「長尾」。舉例來說，一家大型書店通常可擺放10萬本書，但亞馬遜網路書店的圖書銷售額中，有四分之一來自排名在10萬名以後的書籍。這些「冷門」書籍的銷售比例正在快速成長，預未來可占整體圖書銷售市場的一半。網路時代，原來不受重視的銷量小但種類多的產品或服務由於總量巨大，累積起來的總收益甚至會超越主流產品。換言之，市場曲中那條

長長的尾部（所謂的利基型產品）也能「鹹魚翻身」，成為可以寄予厚望的新的利潤成長點。

對長尾分布有一個直觀的解釋，即如果長尾量超過某個高水準，則它超過更高水準的機率將接近1。舉個例子，社群平臺的粉絲數大於1,000萬的使用者數很小，但一旦見到有1,000萬粉絲的大網紅，我們見到粉絲數大於1,001萬的大網紅的機率幾乎是100%，實際上粉絲數的上限可能更大。

2.5 冪定律

自然界與社會生活中存在各式各樣性質迥異的冪律分布現象。1932年，哈佛大學的語言學專家齊夫（George Zipf）於研究英文單字出現的頻率時發現，若將單字依出現的頻率按由大到小的順序排列，則每個單字出現的頻率與它的排名名次的常數次冪存在簡單的反比關係，這種分布被稱為齊夫定律。它表明在英文單字中，只有極少數的詞被經常使用，而絕大多數詞很少被使用。事實上，包括漢語在內的許多種語言都有這種特性。

19世紀的義大利經濟學家帕雷托（Vilfredo Pareto）研究了個人收入的統計分布，發現少數人的收入要遠高於大多數人的收入。他還發現，某一部分人口占總人口的比例，與這一部分人所擁有的財富的份額具有比較確定的計量經濟關係，個人收入不小於某個特定值x的機率與x的常數次冪也存在簡單的反比關係，這就是帕雷托定律。這個定律就是我們常說的80／20

法則,即20%的人口占據了80%的社會財富。進一步的研究證實,此種不均衡模式可以重複出現,甚至可以預測。經濟學把這一社會財富的分布狀態,稱為「帕雷托分布」。

丹尼爾‧貝爾於《帕雷托分布與收入最大化》中進一步敘述:「如果待分配的財富總量是100萬元,人數為100人,那麼我們會有這樣一組對應的分配比例:排在前面的20個人,分得80萬元;同理,這20人中的4個人,分得64萬元;4個人中的1個人,分得50萬元。」

如果我們把這些數據用數學公式簡單處理一下,就會顯示出一條收斂中的「財富曲線」及一條發散中的「貧困曲線」。它的最終走向,是必然會「清零」的,也只有如此,「財富」中所包含的生產力因子才能重新釋放出來。

帕雷托分布從經濟學角度論證了社會分配的「絕對的失衡」必然導致「絕對的貧困」,除非我們可以透過其他手段,人為地阻止財富向高階不斷聚集,否則,貧富雙方的利益衝突是不可避免的。

齊夫定律與帕雷托定律的表示式都是簡單的冪函式,我們稱為冪定律。這類分布的共同特徵是絕大多數事件的規模很小,而只有少數事件的規模相當大。若對冪定律的函數兩邊取對數,可知 $\ln y$ 與 $\ln x$ 滿足線性關係: $\ln y = \ln c - r\ln x$。換言之,在雙對數座標(log-log plot)中,冪定律表現為一條斜率為冪指數的負數的直線。此一線性關係經常作為判斷特定的例項中隨

機變數是否滿足冪定律的依據。

統計物理學家習慣把服從冪定律的現象稱為無尺度現象（Scale-Free Phenomenon），即系統中個體的尺度相差懸殊，缺乏一個優選的規模。可以說，凡有生命的地方，有進化、有競爭的地方都會出現不同程度的無尺度現象。

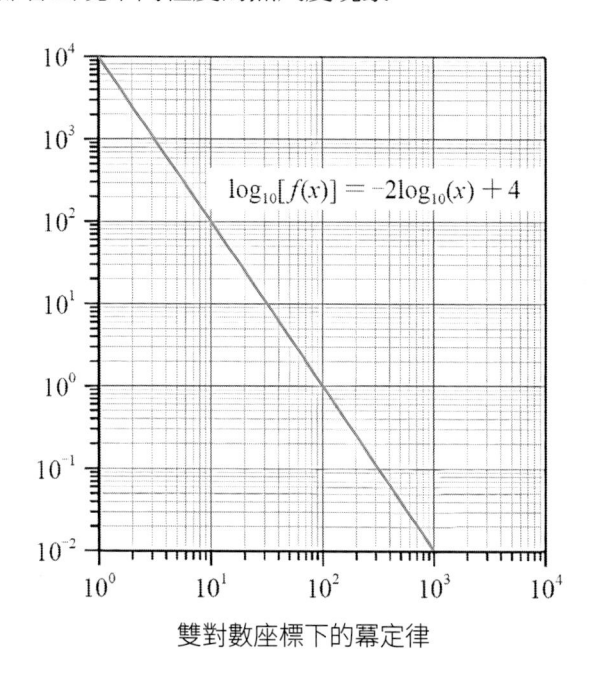

$$\log_{10}[f(x)] = -2\log_{10}(x) + 4$$

雙對數座標下的冪定律

社群平臺中，個體的好友數（數學上稱為節點的度）也符合冪定律，這就是為什麼有的人好友有 5,000 個，而大多數人只有不到 500 個。所以，人際網路也是無尺度網路，其典型特徵是網路中的大部分節點只和很少節點連接，而有極少的節點與非常多的節點連接。這種關鍵的節點（稱為「樞紐」或「集散節

點」)的存在使無尺度網路對意外故障有強大的承受能力,但面對協同性攻擊時則顯得脆弱。

3. 機率決策利器

機率論的發展史已經充分展示了理論與實際之間的密切關聯。許多研究方向的提出,歸根結柢都是為了解決實際問題的。反過來,當這些方向被深入研究後,又可指導實踐,進一步擴大和深化應用範圍。

3.1 賭場奇兵

機率研究起於賭博,當然也會被人用於賭場。賭場上一直有數學家被禁止入內的傳聞,近年來又有傳聞說禁止帶計算設備到賭場,以免利用數學對抗賭博遊戲的規則。不過還真有數學家到賭場一試身手,用機率知識找到賭博遊戲的漏洞,麻省理工學院的教授愛德華‧索普(Edward Thorp)就是其中的一位。

賭場的經營祕訣是,整體上,莊家必須占有機率上的優勢,以確保經營者最終賺錢。儘管每一次遊戲的結果都是隨機且相互獨立的,但整體而言,會趨向一個預期值,又稱假設回扣。這也就是導致玩家儘管短期可能賺錢,但長期來說還是會趨向於虧本的原因。顯然,打破這種機率上的優勢就是致勝的關鍵。

第八章 機率與資料分布

1958 年,剛到麻省理工學院任助理教授沒多久的索普準備在賭場做一次數學實驗。他來到美國拉斯維加斯的賭場,買了 10 美元的籌碼投入 21 點這款賭博遊戲。每次下注之前他都要花大量的時間思考,反覆思索數字排列的可能性。在輸掉了 8.5 美元後,索普回家仔細研究了 21 點遊戲裡的數學模型,並將夏農研究長途電話線噪音的一份報告中提到的凱利公式(Kelly criterion)應用到 21 點遊戲中。凱利公式是約翰·凱利(John Kelly)1956 年於《貝爾系統技術期刊》發表的,它的主要作用是在知道獲勝率與賠率的前提下,推算出下注比例以求最大化收益,因此應用凱利公式時,必須建立在獲勝率已知的情況下:

$f = (b \times p \text{-} q) / b$

其中,f 為現有資金應進行下次投注的比例;b 為賠率;p 為獲勝機會;q 為輸的機會(一般等於 1-p)。

例如,若一個遊戲有 40%($p = 0.40$)的勝出機會,賠率為 2:1($b = 2$),那這個賭客便應每次投注(2×0.40 − 0.60)/ 2 = 10%的資金。

凱利公式的關鍵在於如何推算獲勝率。索普用自己提出的高低點法(High-Low Method)推測情報,然後推算獲勝率,再靈活地將凱利公式運用在 21 點遊戲中,得出最佳下注比例,終於找到了在賭桌用數學戰勝莊家的方法。

索普的高低點法,說起來很簡單。

第二部分　走進資料的世界

　　將紙牌點數 2～6 記作 1，7～9 記作 0，T、A 記作 -1，透過簡單的加減法快速記住場上牌的變化。

　　高低點法認為，當餘下的牌中大牌越多時，則對玩家有利（莊家更容易拿到大牌而爆牌），反之亦然。

　　假如已經出現了 4、9、10、5、J、A、8，則現在點數是 -1，為劣勢。

　　在實際運用中，還需要計算真數（true count），真數＝點數／N 副牌。

　　如點數為 5，而莊家共使用 5 副牌發牌，則真數為 1。真數越大贏面越大，真數越小則贏面越小。

　　經過測算，高低點法只不過提高了 2% 的勝率，為此，索普還給了一個押注策略，藉由高低點法算牌，估算機率，在形勢有利的時候押大賭注，同時還要遵守一個法則，那就是適可而止。如果過度下注，即使有優勢，也可能輸光。只有掌握好押注技巧，才能保證一定回合後不虧錢。

　　他將成果向美國數學學會公布，並出版了**轟動一時的《擊敗莊家》**（*Beat the Dealer*）。一時間，美國拉斯維加斯的所有書店裡這本書都被搶購一空。也正是因為索普提出的算牌策略開始流行，賭場裡多出來一種無往而不利的人——算牌師。索普自己也在賭場裡小試身手，20 個小時就賺了 11,000 美元，以至於賭場老闆動了修改遊戲規則的念頭，以增加莊家的優勢。但是

因為大量玩家抵制，這個計畫很快就泡湯了。賭場從此不待見這個滿腦子數學的年輕人，甚至在賭場門口站著專門攔截索普的保全，請他「到別的賭場去」。

其實，數學家的策略，無非是削弱莊家優勢，透過正確的決策思維，規避不必要的錯誤，奪取百分之幾的優勢。但這百分之幾的優勢投射到長遠期限下，就能取得驚人的回報。

3.2 各顯神通

今天，建立於機率基礎上的現代統計方法，作為物理學、生物科學、經濟學、社會學、心理學、教育學、醫學、農業、工業及政府的助手，展現它不可或缺的作用。天文學以統計方法為基礎，預測天體的未來位置；合適的遺傳區分是由統計探明的；生命保險費與年金是以統計記錄為基礎的死亡表來確定的；能源公司如果沒有地區需求的統計數據，就不能有效地供應電力；農學家用統計方法來確定農業實驗的結果是否顯著；取樣理論在工業產品質量控制上廣泛應用；企業家依靠統計程式做出經營決策。這些應用對象雖然各不相同，但使用的統計方法則是相通的。

生物學家研究群體的成長問題時，提出了生滅型隨機模型、兩性模型、群體間競爭與生剋模型、群體遷移模型、成長過程的擴散模型等。此外，部分生物現象也可利用時間序列模型來進行預報。傳染病流行問題涉及多變數非線性生滅過程。

我們日常生活中也有大量機率應用的例子。保險公司會依託大數據分析，推出針對不同駕駛族群的保險計畫。藉由蒐集與分析潛在客戶的駕駛習慣，如果數據顯示客戶是白天上班、路近、所經過的地帶是安全路線、駕駛習慣良好、沒有特別情緒化舉動等，則讓其所買的保險打折；反之，保險公司會提高保費甚至拒絕保單。美國前進保險公司（Progressive Insurance）就推出了這樣一種保險計畫，參與該計畫，需要在車內安裝一個叫做——「Snapshot」的小裝置用以蒐集，在接下來的 30 天中，保險公司會透過駕駛數據分析使用者的駕駛習慣，平常是如何駕駛的、行駛多久、什麼時候駕駛等等。30 天後，駕駛數據收集充分，保險公司會測算出一個從 0 到 30% 不等的保險折扣給使用者。

3.3 排隊系統

日常生活中存在大量有形和無形的排隊或擁擠現象，如旅客購票、電話占線、船舶裝卸、病人候診等，都可用一類機率模型來描述。此類機率模型涉及的過程叫做排隊過程（queuing process）。當把顧客到達及服務所需時間的統計規律研究清楚後，就可以合理地安排服務點。

排隊理論的初步概念是 1909 年丹麥數學家、科學家及工程師厄朗（Erlang）在用機率論方法解決自動電話設計問題時提出的，從而開創了這門應用數學學科，並為這門學科建立許多基

本原則。現在,排隊理論已經廣泛應用於各類服務系統的架構及分析。

研究排隊問題,就是要把排隊的時間控制在一定的程度內,在服務品質的提升和成本的降低之間取得平衡,找到最適當的解。排隊現象是由兩個方面構成的,一方要求得到服務,另一方設法給予服務。我們把要求得到服務的人或物(設備)統稱為顧客,把給予服務的服務人員或服務機構統稱為服務生或服務臺。顧客與服務檯構成一個排隊系統,或稱為隨機服務系統。

在一個排隊服務系統中,顧客總要經過如下過程:顧客到達、排隊等待、接受服務和離去。

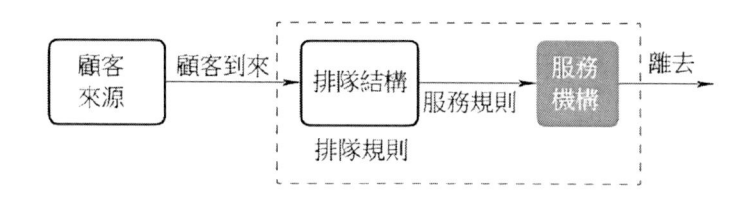

建立適當的排隊模型是研究排隊系統的第一步。建立模型過程中經常會碰到如下問題:檢驗系統是否達到平穩狀態(steady state);檢驗顧客相繼到達時間間隔的相互獨立性。排隊理論模型的記號是由肯德爾(D.G. Kendall)於 1953 年引入的,通常由 3～5 個英文字母組成,其形式為:

$A / B / C / n$,其中,A 表示輸入過程的分布,B 表示服

務時間的分布，C 表示服務臺數目，n 表示系統空間數。

描述排隊系統的主要數量指標包括佇列長度與等待隊長、顧客的平均等待時間及平均停留時間、系統的忙期與閒期、服務機構工作強度。

一個排隊系統的最主要特徵引數是顧客的到達間隔時間分布與服務時間分布。要研究到達間隔時間分布與服務時間分布需要首先根據現存系統原始數據統計出它們的經驗分布，然後與理論分布擬合，若能互相印證，就可以得出分布情況。

經驗分布是對排隊系統的某些時間引數根據經驗數據進行統計分析，並依據統計分析結果假設其統計樣本的總體分布，選擇合適的檢驗方法進行檢驗。當通過檢驗時，就可以認為時間引數的經驗數據服從該假設分布。

舉一個生活中常見的例子。某火車站售票處有 3 個櫃臺，同時在售各車次的車票。顧客到達服從卜瓦松分布，平均每分鐘到達 $\lambda = 0.9$（人），服務時間服從負指數分布，平均服務率 $\mu = 24$（人／小時）。由此可知，排隊系統可能採取的模式，我們知道現在有兩種排隊方式：

①現代方式。顧客排成一隊，共享 3 個服務櫃臺，根據櫃臺的空閒情況，將 3 個隊首的顧客分配到空閒服務櫃臺，依次購票；

②傳統方式。顧客在每個櫃臺單獨排成一隊，不準換隊。

第八章　機率與資料分布

　　實際中哪一種排隊方式更好呢？我們就可以用排隊理論量化地解決這個問題。

　　藉由建立排隊理論模型，我們可以算出，第一種排一隊共享 3 個服務櫃臺的效率更好。

　　從這個例子可以看出，利用數據分布，可以模擬現實世界中的大量排隊現象，藉助數學工具給出量化的分析，並用於決策。

第二部分　走進資料的世界

第九章
量化衍生資料

　　日常生活中所說的「量化」指的是目標或任務具體明確，可以清楚測量，賦予明確的數值，即根據不同情況與量化單位，表現為數量多少、具體的統計數字、衡量範圍、時間長度等。

　　用量化的數據描述事物稱為「定量」描述，而與之相對的則是「定性」描述，多以文字描述整體特徵、整體趨勢為主。比如，中餐菜單上常說的「鹽少許」、「醬油少許」，只能憑藉廚師的感覺和經驗現場裁量。而中醫配置一劑中藥則必須精確，容不得半點隨便，這就要量化。

　　到了資訊時代，人們發明了各種蒐集訊號的設備，能夠捕獲訊號的大小不等的幅度變化，表示幅度變化的量值可以在一定範圍（定義域）內取任意值（在值域內）。這種量值是對實際量的模擬，所以叫做模擬量。有規律的電磁訊號經過放大、傳輸、接收、轉換，不必解析出每一個瞬間的訊號數值，只要能整體上復原原來訊號的波形變化，原來的資訊也得以保存，這就是電話及廣播傳輸的原理。

　　進入數位時代，人們透過取樣得到訊號的瞬時值，再將其

幅度離散化，即用一組規定的數值來表示與瞬時取樣值最接近的數值，就可以用一組數字來表示原來的訊號，形成現在廣泛使用的數位訊號，這個過程稱為「量化」。由於數位訊號便於傳播及處理，成為目前傳播的主流方式，大量的資訊經過量化以後，就變成電腦可處理的資料。正是因為有了量化，人類才真正進入了數位時代──資訊以數字表達、壓縮、儲存，最終引領人類進入了大數據時代。

1. 取樣與量化

以前，人們為了記錄聲音，發明了留聲機。留聲機是愛迪生於西元 1877 年發明的，愛迪生從電話傳聲器中的膜板會隨著說話聲引起振動的現象得到啟發，聲音的快慢高低能使膜板產生相應的不同顫動，那麼，相反操作，這種顫動也一定能發出原先的說話聲音。

愛迪生開始研究聲音儲存及重放的方法。西元 1877 年 8 月 15 日，愛迪生發明了一種原始的放音裝置，首先以聲學方法在錫箔平面上刻出刻痕，再透過放音裝置將記錄在刻痕中的聲音還原，實際上是一種資訊的記錄與儲存方式。

留聲機記錄的就是前面提到的音訊的模擬量，這是一種類比訊號，即用連續變化的物理量來表達的資訊。類比訊號中的

第九章 量化衍生資料

模擬資料,就是由感測器所採集得到的連續變化的值,例如溫度、壓力以及目前還在模擬電話、無線電和電視廣播中傳輸的聲音和影像等。與之相對應的數位訊號則是模擬數據經量化後得到的離散的值,例如,在電腦中用二進制編碼表示的字元、圖形、音訊與影片等資料。

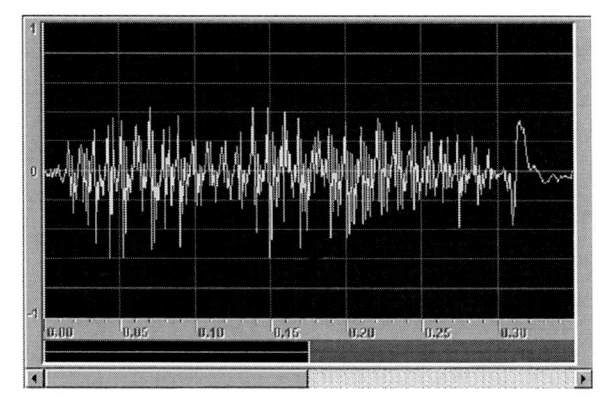

用聲音錄製軟體記錄的英文單字「Hello」的語音實際波形
(準確地說,這個波形也是經過取樣的)

由於類比訊號是連續記錄,理論上類比訊號可以有無數多個時間點,每個時間點都有一個確定的數值。要轉變成數位訊號,就需要記錄無數多個數值,這顯然既不經濟,也沒有必要,這就需要取樣,就是將時間上、幅值上都連續的類比訊號,在取樣脈衝的作用下,轉換為時間上離散(時間上有固定間隔),但幅值上仍連續的離散類比訊號。所以取樣又稱為波形的離散化過程。

第二部分　走進資料的世界

　　取樣得到的每個訊號取值仍然是連續的,理論上可以取值域內的任意值,為了記錄方便,需要將訊號的連續取值(或者大量可能的離散取值)近似為有限多個(或較少的)離散值(為了處理方便,一般取為整數)的過程,這個過程稱為「量化」(quantization)。

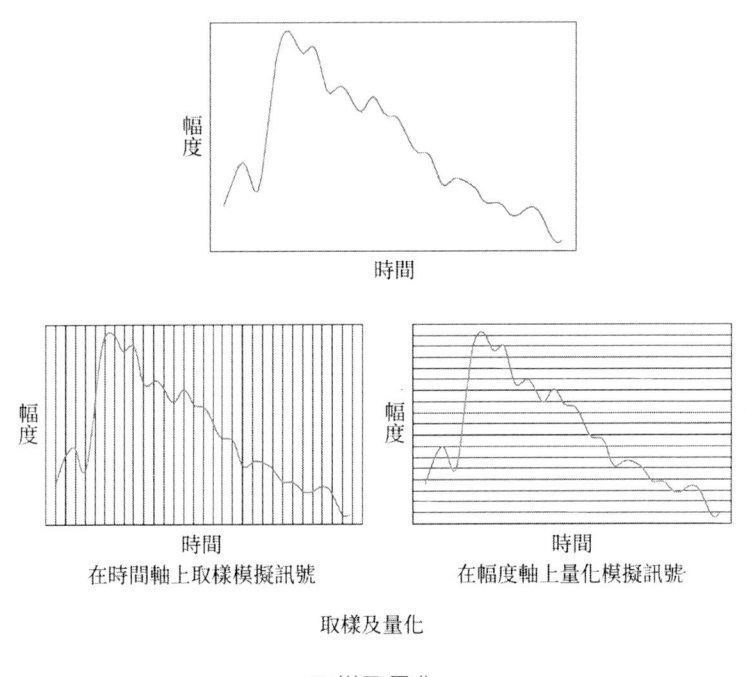

取樣及量化

　　最終,可以將取任意值的一組連續變化的模擬量轉變成離散的變化量,且只能取有限個離散量值,如二進制數字變數只能取兩個值。這種在時間上和數量上都是離散的物理量稱為數字量。

第九章　量化衍生資料

　　1937 年，英國工程師亞歷克·里夫斯（Alec Reeves）提出了脈衝編碼調變技術，簡稱 PCM。PCM 的主要過程是將語音、影像等類比訊號每隔一定時間進行取樣，使其離散化，然後將取樣值按分層單位四捨五入取整量化，同時按二進制碼來表示取樣脈衝的幅值。在模擬／數位訊號的轉換過程中，有一個奈奎斯特取樣定理（Nyquist Sampling Theorem），是說當取樣頻率大於訊號中最高頻率的 2 倍時，取樣之後的數位訊號可以完整地保存原始訊號中的資訊。奈奎斯特定理可以這樣簡單理解，在訊號一個變化週期中，通常會有一個最高點、一個最低點，如果我們能夠取樣到這兩個點，那這一個週期的訊號就沒有丟失。而任何複雜的訊號都可以變換成一組頻率不同的正弦訊號的疊加，取其中頻率最高的那個用於確定取樣頻率，就可以覆蓋到所有頻率訊號的取樣。實際應用中，為了確保品質，取樣頻率一般為訊號最高頻率的 5 ～ 10 倍。

　　經過量化的數位訊號有很多優勢，首先是資料傳輸中的準確表達。以下圖中的 WAV 格式的數位音訊為例。WAV 是最常見的聲音檔案格式之一，是微軟公司專門為 Windows 開發的一種標準數位音訊檔案格式。WAV 檔案由檔案頭和資料區兩大部分組成。其中檔案頭又可細分為兩部分：RIFF 標頭區段，以及音訊格式說明區段，WAV 檔案資料區塊包含了以脈衝編碼調變（PCM）格式表示的樣本，這些數字用二進制表達（圖中為了簡便，表示為十六進制）。就這樣，一段聲音經過處理後變成了

第二部分　走進資料的世界

一組資料，只要這組數位資料完整無損，就可以將聲音準確傳輸、永久儲存。

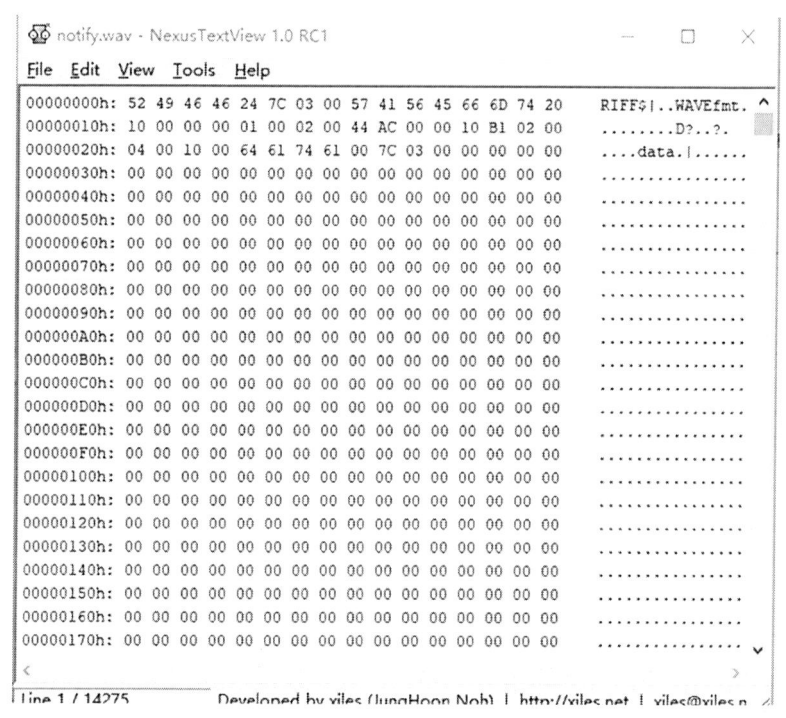

```
notify.wav - NexusTextView 1.0 RC1
File Edit View Tools Help
00000000h: 52 49 46 46 24 7C 03 00 57 41 56 45 66 6D 74 20    RIFF$|..WAVEfmt 
00000010h: 10 00 00 00 01 00 02 00 44 AC 00 00 10 B1 02 00    ........D?..?.
00000020h: 04 00 10 00 64 61 74 61 00 7C 03 00 00 00 00 00    ....data.|.....
00000030h: 00 00 00 00 00 00 00 00 00 00 00 00 00 00 00 00    ................
00000040h: 00 00 00 00 00 00 00 00 00 00 00 00 00 00 00 00    ................
00000050h: 00 00 00 00 00 00 00 00 00 00 00 00 00 00 00 00    ................
00000060h: 00 00 00 00 00 00 00 00 00 00 00 00 00 00 00 00    ................
00000070h: 00 00 00 00 00 00 00 00 00 00 00 00 00 00 00 00    ................
00000080h: 00 00 00 00 00 00 00 00 00 00 00 00 00 00 00 00    ................
00000090h: 00 00 00 00 00 00 00 00 00 00 00 00 00 00 00 00    ................
000000A0h: 00 00 00 00 00 00 00 00 00 00 00 00 00 00 00 00    ................
000000B0h: 00 00 00 00 00 00 00 00 00 00 00 00 00 00 00 00    ................
000000C0h: 00 00 00 00 00 00 00 00 00 00 00 00 00 00 00 00    ................
000000D0h: 00 00 00 00 00 00 00 00 00 00 00 00 00 00 00 00    ................
000000E0h: 00 00 00 00 00 00 00 00 00 00 00 00 00 00 00 00    ................
000000F0h: 00 00 00 00 00 00 00 00 00 00 00 00 00 00 00 00    ................
00000100h: 00 00 00 00 00 00 00 00 00 00 00 00 00 00 00 00    ................
00000110h: 00 00 00 00 00 00 00 00 00 00 00 00 00 00 00 00    ................
00000120h: 00 00 00 00 00 00 00 00 00 00 00 00 00 00 00 00    ................
00000130h: 00 00 00 00 00 00 00 00 00 00 00 00 00 00 00 00    ................
00000140h: 00 00 00 00 00 00 00 00 00 00 00 00 00 00 00 00    ................
00000150h: 00 00 00 00 00 00 00 00 00 00 00 00 00 00 00 00    ................
00000160h: 00 00 00 00 00 00 00 00 00 00 00 00 00 00 00 00    ................
00000170h: 00 00 00 00 00 00 00 00 00 00 00 00 00 00 00 00    ................
Line 1 / 14275    Developed by xiles (JungHoon Noh) | http://xiles.net | xiles@xiles.n
```

一段 WAV 格式的 Windows 通知音，二進制讀取後的資料

WAV 檔案通常使用 3 個引數，即量化位數、取樣頻率及取樣點振幅來表示聲音。量化位數分為 8 位、16 位、24 位 3 種，聲道有單聲道及立體聲之分，單聲道振幅數據為 $n \times 1$ 矩陣點，立體聲為 $n \times 2$ 矩陣點，取樣頻率一般有 11,025Hz（11kHz）、22,050Hz（22kHz）及 44,100Hz（44kHz）3 種，標準格式化的 WAV 檔案和 CD 格式一樣，其聲音品質與 CD 相差無幾。WAV

第九章　量化衍生資料

檔案大小可以方便地計算出來，即每一分鐘 WAV 格式的音訊檔案的大小為 10MB，這是 WAV 檔案的一個致命缺點，就是它所占用的磁碟空間太大。

經過這樣的量化過程，訊號中的資訊都可以表示為資料，訊號的資料化把對現象的描述轉化為可計算、可分析的資料形式，極大地方便了資訊的處理。

2. 量化資料的數學原理

取樣、量化後的訊號其實還不是數位訊號，需要把它轉換成數位編碼脈衝，這一過程稱為編碼。最簡單的編碼方式是二進制編碼。具體而言，就是用 n 位二進制碼來表示已經量化了的取樣數字，每個二進制數對應一個量化值，然後把它們按一定規則排列，得到由數位脈衝組成的數位資訊流。美國科學家夏農（Claude Shannon）解決了編碼的理論問題。

夏農被譽為「資訊理論及數位通訊的奠基人」。1948 年，夏農在《貝爾系統技術學報》（*Bell System Technical Journal*）上發表了一篇里程碑式的論文〈通訊的數學理論〉（*A Mathematical Theory of Communication*）。文章系統性論述了資訊的定義，怎樣數量化資訊以及怎樣更好地對資訊進行編碼等。在這些研究中，機率理論是夏農使用的重要工具。夏農還在這篇論文中給出了資訊熵和冗餘的概念，用來衡量資訊的不確定性，並將術

語位元（bit）作為資訊的基本單位。

夏農指出，任何資訊中都存在冗餘，冗餘大小與資訊中每個符號（數字、字母或單字）的出現機率有關。他把資訊中排除了冗餘後的平均資訊量稱為「資訊熵」，並提出計算資訊熵的數學表達式。

資訊熵這個詞是夏農從熱力學中借用過來的。熵在希臘語中意為「內部變化」，即「一個系統內在性質的改變」。物理學中熵的概念是由德國物理學家克勞修斯（Rudolf Clausius）於1865年所提出，公式中一般記為S；熵被看作一個系統「混亂程度」的度量，熱力學中的熱熵是表示分子狀態混亂程度的物理量。1923年著名物理學家普朗克（Max Planck）曾赴南京東南大學授課，在講述熱力學第二定律及其一個極重要的概念Entropie時，當時擔任翻譯的胡剛復教授將這個既複雜又深邃的概念譯為熵。由於它本身是熱量與溫度之商，而且這個概念與火（熱量）有關，故在漢字商的左邊加上火字旁，創造了「熵」字。

一個系統越混亂，可以看作微觀狀態分布越均勻。例如，想像有一組10枚硬幣，每枚硬幣有兩面，擲硬幣時得到最有規律的狀態是10個都是正面或10個都是反面，這兩種狀態都只有一種「整齊」的排列。反之，如果是最混亂的情況，應該有5個正面、5個反面。資訊元素分布越均勻，就如同散亂的硬幣，夏農以資訊熵的概念來描述信息源的不確定度。資訊熵的計算公式如下：

第九章　量化衍生資料

$$資訊熵 = -\sum_{i=1}^{n} P_i \log_2 P_i$$

若計算中的對數 log 是以 2 為底的，那麼計算出來的資訊熵就以位元（bit）為單位。

夏農認為「資訊是用來消除隨機不確定性的東西」。也就是說，衡量資訊量大小就看這個資訊消除不確定性的程度。「太陽從東方升起了」這條資訊沒有減少不確定性，因為太陽肯定從東方升起，所以這是一句廢話，資訊量為 0。「吐魯番下雨了」這條資訊比較有價值，為什麼呢？因為按統計資料來看，吐魯番地區明天不下雨的機率為 98%（吐魯番地區年平均降雨天數僅 6 天）。資訊熵是用來衡量事物不確定性的，資訊熵越大，事物越具不確定性，事物越複雜，表達資訊所用的編碼就越多。舉一個例子：電影《模犯生》中有一個考試作弊集團，需要把 4 選 1 單選題的答案編成條碼發出去，如果直接傳遞正確答案字母「A」、「B」、「C」、「D」的 ASCII 程式碼的話，每個答案需要 8 個 bit 的二進制編碼，從傳輸的角度看，這顯然有些浪費。資訊理論最初要解決的，就是資料的壓縮和傳輸的問題，所以這個作弊集團希望能用更少 bit 的編碼來傳輸答案。很簡單，答案只有 4 種可能性，所以二進制編碼需要的長度就是取以 2 為底的對數：

$\log_2(4) = 2$

2 個 bit 就足夠進行 4 個答案的編碼了（00，01，10，11）。

現實考試選擇題中,「A」、「B」、「C」及「D」為正確答案的出現機率是相等的,均為 $P = 1／4$,所以編碼需要長度的計算可以理解為如下的形式:

$$\log_2(4) = \log_2\left(\frac{1}{1/4}\right) = -\log_2(1/4) = -\log_2(P)$$

代入計算資訊熵 H 的公式:

資訊熵 $= -4 \times 1／4 \times \log(1／4) = 2$

算出來結果剛好是 2。從這個角度來看,熵就是對每個可能性編碼需要長度的期望值。

其實編碼長度還可以進一步優化,假設作弊集團經過大量資料分析,發現考試出題者對正確答案「A」、「B」、「C」及「D」的選擇是有偏好的,機率分別為 $1／2,1／4,1／8,1／8$。我們回到資訊熵的定義,會發現透過之前的資訊熵公式,神奇地得到了:

$$資訊熵 = \frac{1}{2}\log(2) + \frac{1}{4}\log(4) + \frac{1}{8}\log(8) + \frac{1}{8}\log(8) = \frac{1}{2} + \frac{1}{2} + \frac{3}{8} + \frac{3}{8} = \frac{7}{4}$$

也就是說,可以為「A」、「B」、「C」、「D」設計一種更短的編碼來表示這 4 個答案:0,10,110,111,其平均編碼長度僅為 $7／4$ 個 bit。單從這個例子看,似乎沒有減少多少,但對於大規模資訊傳輸的應用場景,頻寬開支的節省是非常可觀的,這就是夏農資訊熵理論的重要價值。

3. 量化帶來的優勢

3.1 便於傳播

數位訊號由於表達為精確的數值,在傳輸中受干擾小,訊號不易劣化,且可以透過校驗進行糾錯,能夠確保資料傳輸的準確性,具有傳送穩定性好、可靠性高的優點。網際網路誕生以來,適於網路傳播的數位內容呈現出爆炸性的發展態勢,極大促進了人類文明的傳播和社交便利性。

另外,數位訊號可以方便地進行加密,且加密後的資訊難以解密,提資訊傳播的安全性。數位訊號也便於進行版權保護,例如,現在電影院線普遍採用數位電影播放方式,由於採用了數位浮水印技術對盜版放映進行定位,電影上映期間的盜版率不到以前的 1／10。

3.2 便於儲存

非數據化的資訊需要藉助傳統媒介儲存,如書籍、照片、電影複製、錄音帶等,存在介質經久老化和多次翻製造成損失的風險。資料儲存技術的發展,提供了靈活、便捷的資訊儲存方式。訊號數據化以後可各類儲存設備中,藉助資料備份技術,還可以方便地建立儲存副本以確保儲存可靠性,並可以透過資料庫管理系統或大數據平臺管理系統進行高效轉存、檢索等操作。

3.3 便於壓縮

資料壓縮是指在不損失有用資訊的前提下，縮減資料量以減少儲存空間，以提高其傳輸、儲存與處理效率。如果訊號轉化成資料，就可以按照一定的演算法對資料進行重新組織，以減少資訊的冗餘和儲存的空間。

資料能夠壓縮是因為現實世界的資料都有統計冗餘。例如，字母「e」在英語中比字母「z」更加常用，單字中字母「q」後面是「z」的可能性非常小。我們還可以進一步統計出常見的資料模式，比如說，常用的單字、句子等，對這些出現頻率高的資料區塊都可以用較短的編碼表示，甚至對那些並沒有特定含義的資料區塊，只要出現頻率高，我們也可以賦予較短的編碼。

還可以採用字典方法進行壓縮。此方法是使用一個字典來儲存最近發現的符號（一個或者一串字元）。遇到一個符號時，首先會到字典中去尋找，檢查是否已經儲存過了。如果是，那麼將只需要輸出該符號在字典中的入口進行引用（通常是一個偏移量），而不是整個符號。使用字典方法的壓縮方案包括LZ77、LZ78等，它們是很多常用的無失真壓縮方案的基礎。

利用統計冗餘或者字典方法，既能更加簡練地表示資料，又保存了資料的完整資訊，因此這種壓縮稱為非破壞性資料壓縮。

如果允許以可接受的品質損失換取較大的壓縮比，還可以採用變換的手段，把一些次要資訊去掉，只保存主要資訊，從

而達到壓縮的目的,這種壓縮被稱為破壞性資料壓縮(Lossy Compression)。常用的 JPEG 圖片格式就是一種破壞性資料壓縮,它利用了人眼的視覺生理特徵,即人眼對影像高頻成分不敏感,即使移除部分高頻成分,對影像的視覺品質影響也很小。同時,由於大多數影像中的灰階值是個漸變的過程,高頻部分攜帶的資訊量很少。壓縮時先對空間域的影像做正向離散餘弦變換(FDCT),將資料轉換到頻域,再在頻域中透過取樣去除一部分資訊,達到壓縮的目的。使用時需要逆向處理,先解碼,再把資料從頻域轉換到空間域。JPEG 影像壓縮演算法能夠在提供良好壓縮效能的同時,實現比較好的重建畫質,其壓縮比率通常在 10:1 到 40:1 之間,比如,可以把 1.37MB 的 BMP 點陣圖檔案壓縮至只有 20.3KB 的 JPG 檔案,而視覺上影像品質差別不大,因此 JPEG 格式得到了廣泛的應用。

3.4 便於處理

經過資料化處理的訊號格式統一,不論是數值、文字、影像、語音,還是虛擬實境模型等,都可以在電腦中進行處理,真正實現了多媒體資訊的融合。以影像處理為例,輸入的是低畫質的影像,輸出的是改善畫質後的影像,常用的影像處理方法有影像增強、復原、編碼、壓縮等,現在流行的「修圖」、「美肌」其實都是數位影像處理的應用。

最早研究數位影像處理並獲得成功應用的是美國噴氣推進

實驗室（Jet Population Laboratory）。他們對太空探測器「游騎兵 7 號」在 1964 年傳回的幾千張月球照片使用了影像處理技術，如使用幾何校正、灰階變換、雜訊移除等進行處理，並考慮了太陽位置及月球環境的影響，用電腦成功地繪製出月球表面的地圖，獲得了巨大的成功。隨後又對探測器傳回的近 10 萬張照片進行了更複雜的影像處理，獲得了月球的地形圖、彩色圖及全景鑲嵌圖等，為人類登月奠定了堅實的基礎，也推動了數位影像處理這門學科的誕生與發展。

4. 轉換與降噪

我們常說「看問題要有不同的角度」，如一串整齊排列的骨牌，從中拿出一張，若從正面看的話，只能看到第一張，不容易發現哪張被拿出了，而如果從側面看的話，就很容易找出是第幾張缺失了。

時域描述的是數學函數或物理訊號對時間的關係。例如，一個訊號的時域波形可以表達訊號隨著時間的變化。頻域則是描述訊號在頻率方面特性時用到的一種座標系。時域及頻域是訊號的基本性質，這樣可以用多種方式來分析訊號，每種方式提供了不同的角度。

第九章 量化衍生資料

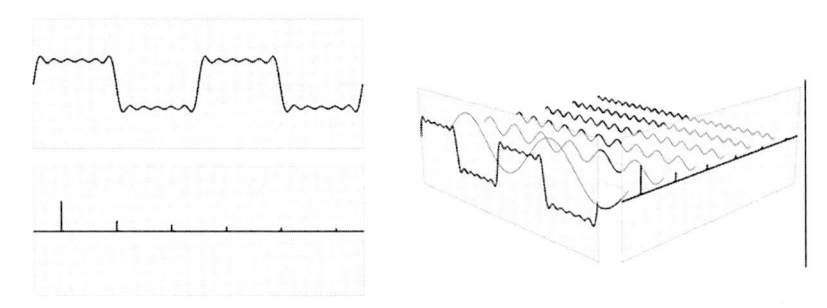

時域與頻域的對應關係

注：時域中一條正弦波曲線的簡諧訊號，在頻域中對應一條頻譜線，即正弦波訊號的頻率是單一的，其頻譜僅僅是頻域中相應頻點上的一個尖峰訊號。

在自然界，頻率是有明確的物理意義的，比如說聲音訊號，男士聲音低沉雄渾，這主要是因為男聲中低頻分量更多，女士聲音多高亢清脆，這主要是因為女聲中高頻分量更多。有的訊號主要在時域表現其特性，如電容充放電的過程，而有的訊號則主要在頻域表現其特性，如機械的振動、人類的語音等。

時域是真實世界，也是唯一實際存在的域。因為我們所經歷的事情都是在時域中按照時間的先後順序發展的，而且我們也習慣於按照時間的先後順序去感知這些事物，所以在評估數位訊號的效能時，通常也需要測量時域中的效能指標。相對而言，頻域不是真實的，而是一個數學構造，有些在時域裡看不到的資訊，在頻域裡往往看得很清楚，所以頻域也被一些學者稱為「上帝視角」。

如果訊號的特徵主要在頻域表示的話,相應的時域訊號看起來可能雜亂無章,這時候在頻域中解讀起來可能就非常清晰。在實際應用中,當我們取得一段訊號之後,在沒有任何先驗資訊的情況下,直覺是先試圖在時域中尋找一些特徵,若在時域無所發現的話,再將訊號轉換到頻域看看能有什麼特徵。這就體現了時頻變換的作用。

4.1 轉換

法國數學家傅立葉(Joseph Fourier)發現,任何週期函數都可以用正弦函數和餘弦函數構成的無窮級數來表示(選擇正弦函數與餘弦函數作為基底函數,是因為它們是正交的):

$$\begin{aligned} f(t) &= a_0 + \sum_{n=1}^{\infty}[a_n\cos(n\omega t) + b_n\sin(n\omega t)] \\ &= a_0 + \sum_{n=1}^{\infty} c_n\sin(n\omega t + \theta_n) \\ &= a_0 + c_1\sin(\omega t + \theta_1) + c_2\sin(2\omega t + \theta_2) + \cdots + n = 1, 2, \cdots \end{aligned}$$

很多時域訊號也是週期函數,也可以表示為不同頻率的正弦波訊號的疊加。根據傅立葉原理創立的傅立葉轉換演算法可以將直接測量到的原始訊號,表達為該訊號中不同正弦波訊號的頻率、振幅和相位的疊加。

傅立葉轉換(Fourier Transform)的物理意義非常明確,即將通常在時域表示的訊號,分解為多個正弦訊號的疊加,每個正

第九章　量化衍生資料

弦訊號用幅度、頻率、相位就可以完全表示，這就實現了從時域到頻域的轉換。這種週期函數或週期性的波形中能用常數、與原函數的最小正週期相同的正弦函數和餘弦函數的線性組合表達的部分稱為諧波。

經過傅立葉轉換之後的訊號通常稱為頻譜，頻譜包括振幅頻譜及相位頻譜，分別表示振幅隨頻率的分布及相位隨頻率的分布。傅立葉轉換建立了訊號在時域與頻域之間的轉換關係，從而將原本難以處理的時域訊號轉換成易於分析的頻域訊號（訊號的頻譜），可以利用一些工具對這些頻域訊號進行處理、加工。

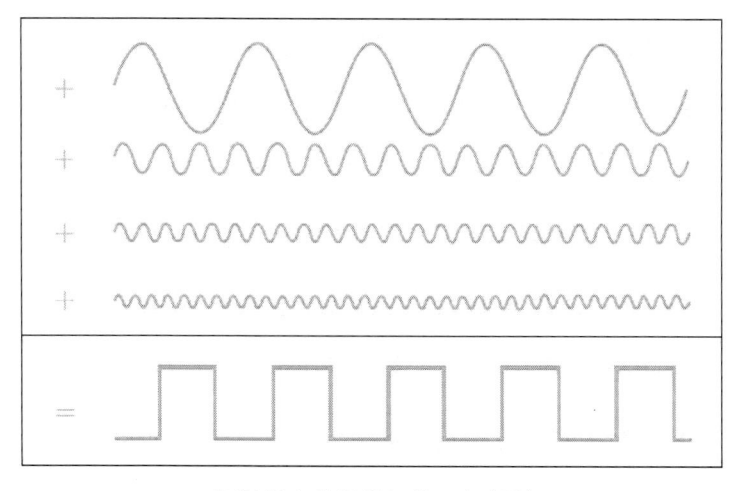

多個頻率分量疊加為一個訊號

從頻譜變回時域的過程稱為傅立葉反轉換（Inverse Fourier Transform），它把每個頻率分量轉換成它的時域正弦波，再將其

全部疊加,從本質上說也是一種累加處理,這樣就可以將單獨改變的正弦波訊號轉換成一個訊號。

頻域中的每個分量都是時域中定義在 $t= -\infty \to +\infty$ 的正弦波。為了重新生成時域波形,可以提取出頻譜中描述的所有正弦波,並在時域中的每個時間間隔點處把它們疊加。從低頻端開始,把頻譜中的各階諧波疊加,就可得到時域中的波形。

4.2 濾波

訊號的時域描述與頻域描述,就像一枚硬幣的兩面,看起來雖然有所不同,但實際上是同一個東西。就一個訊號所包含的資訊量而言,時域訊號及其相應的傅立葉轉換之後的頻域訊號是完全一樣的。但很多在時域看似不可能做到的數學操作,在頻域卻很容易做到。

透過傅立葉轉換很容易得到有用的訊號頻域特性。傅立葉轉換簡單通俗地理解就是把看似雜亂無章的訊號考慮成由一定振幅、相位、頻率的基本正弦(餘弦)訊號組合而成,傅立葉轉換的目的就是找出這些基本正弦(餘弦)訊號中振幅較大(能量較高)訊號對應的頻率,從而找出雜亂無章的訊號中的主要振動頻率特點。比如,減速機故障時,藉由傅立葉轉換做頻譜分析,根據各級齒輪轉速、齒數與雜訊中振幅大的進行對比,可以快速判斷哪級齒輪存在損傷。

濾波還可以用於降噪,因為噪音往往是高頻部分,從訊號波形曲線中去除一些特定的頻率成分,這在工程上稱為濾波,濾波是訊號處理中最重要的概念之一,只有在頻域才能輕鬆地做到,這就是需要傅立葉轉換的地方。

以影像處理為例,傅立葉轉換前,影像(未壓縮的點陣圖)是由對連續空間(現實空間)上的取樣得到一系列點的集合,可以用一個二維矩陣表示空間上各點,則影像可由 $z = f(x,y)$ 來表示,空間的另一個維度表示影像的顏色、色調、灰階等資料,用梯度表示。對影像進行二維傅立葉轉換得到頻譜圖,就是影像梯度的分布圖,當然頻譜圖上的各點與影像上各點並不存在一一對應的關係。從傅立葉轉換後的頻譜圖上我們看到的明暗不一的亮點,實際上影像上某一點與鄰域點差異的強弱,即梯度的大小,也即該點的頻率的大小。一般來講,梯度大則該點的亮度強,否則該點亮度弱。這樣透過觀察傅立葉轉換後的頻譜圖,可以看到整個影像的能量分布,若頻譜圖中暗的點較多,那麼實際影像的色彩是比較柔和的(因為各點與鄰域差異都不大,梯度相對較小);反之,如果頻譜圖中亮的點較多,那麼實際影像則一定是尖銳的,也就是實際影像是邊界分明且邊界兩邊像素差異較大的。

如果影像中雜訊,這些雜訊往往是規律性的干擾訊號。藉由對頻域訊號進行處理,可進一步分離出有週期性規律的干擾

訊號，例如正弦干擾，這個就是干擾雜訊產生的，這時就可以很直觀地透過在該位置放置帶阻濾波器（Band-stop filter）消除干擾。

4.3 離散餘弦變換

離散餘弦轉換，簡稱DCT，是與傅立葉轉換相關的一種轉換。

DCT也常在訊號處理和影像處理中使用，用於對訊號及影像（包括靜止及動態影像）進行破壞性資料壓縮。這是由於離散餘弦轉換具有很強的「能量集中」特性，大多數的自然訊號（包括聲音及影像）的能量都集中在離散餘弦轉換後的低頻部分，由於人眼對於細節資訊不是很敏感，因此資訊含量較少的高頻部分就可以直接去掉，從而在後續的壓縮操作中獲得較高的壓縮比。

DCT用於影像壓縮時，先將輸入影像劃分為影像塊，對每個影像塊做DCT。轉換後，其低頻成分都集中於左上角，高頻成分則分布於右下角。由於低頻成分包含了影像的主要資訊，而高頻成分與之相比，就不那麼重要了，所以我們可以忽略高頻成分，從而達到壓縮的目的。

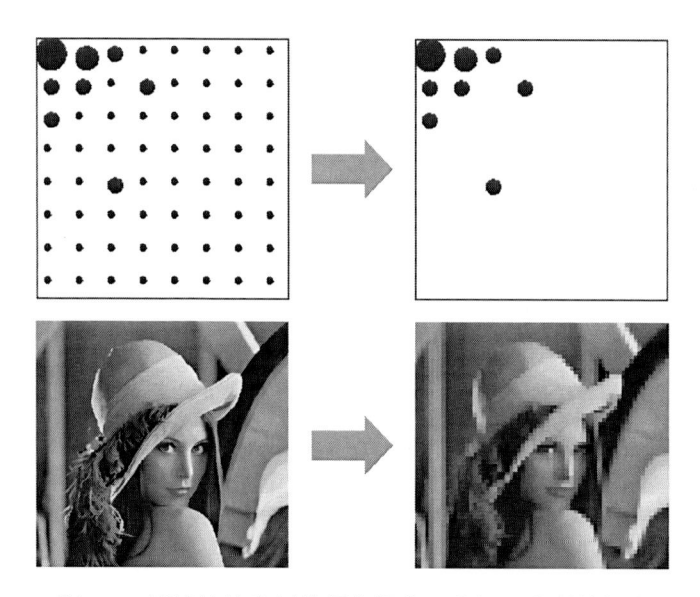

對 DCT 轉換後的資料做量化操作，代價是畫質的損失

如何將高頻分量去掉呢？這就要用到量化，它是產生資訊損失的根源。量化操作，就是將轉換後的值除以量化表中對應的值。由於量化表左上角的值較小，右下角的值較大，這樣就達到了保持低頻成分，抑制高頻成分的目的。解壓縮時首先對每個影像區塊進行 DCT 反轉換，然後將影像區塊拼接成一幅完整的影像。這樣就利用 DCT 完成了具有很高壓縮比的影像壓縮。

4.4 小波轉換

小波轉換是一種新的轉換分析方法，小波轉換的原理類似傅立葉轉換，只是把三角函數基換成了小波基。

與傅立葉轉換不同，它的主要特點是透過轉換能夠充分突出問題某些方面的特徵，能對時間（空間）頻率做局部化分析，透過伸縮平移運算對訊號（函式）逐步進行多尺度細化，最終達到高頻處時間細分，低頻處頻率細分，能自動適應時頻訊號分析的要求，從而可聚焦到訊號的任意細節，解決了傅立葉變換的困難問題。

小波轉換繼承和發展了短時傅立葉轉換局部化的概念，同時又克服了視窗大小不隨頻率變化等缺點，能夠提供一個隨頻率改變的「時間頻率」視窗，是進行訊號時頻分析和處理的理想工具，成為繼傅立葉轉換以來在科學方法上的重大突破。

5. 大千世界，資料表達

孤立的資料沒有意義，只有跟具體的事務相關聯，資料才能成為資訊。為了表示資料，需要用資料的編碼規則、結構或後設資料。比如字元「A」，在電腦裡其實是被編碼成了一個整數，這個整數加上 32，就變成了小寫字母「a」，這就帶來了資料處理上的方便。

不管多麼複雜的資料，在電腦中，所有的資料在儲存和運算時都要使用二進制數表示。這是因為電腦是由邏輯電路組成的，電路中的「開」和「關」這兩種狀態正好可以用「1」和「0」

第九章　量化衍生資料

表示。當然，做成能夠表示 0～9 這 10 種狀態的開關，讓電腦采用十進制計數法，這在理論上也是可能的，但與 0 和 1 的開關狀態相比，這必定需要更為複雜的結構。

數值型的資料可以直接用二進制表示。為了書寫和讀數方便還用到八進制和十六進制。電腦中表示數值資料時，為了便於運算，帶符號的整數採用原碼、反碼、補數和移碼等編碼方式，這種編碼方式稱為碼制。整數還相對簡單，比較麻煩的是實數，又叫浮點數，常用科學技術法表示：

$N = M \times R^e$

其中，M 稱為尾數，e 是指數，R 為基數。由於電腦儲存字長的限制，浮點數表示的精確度取決於尾數的寬度，表示的範圍取決於基數的大小及指數的寬度。

字符資料的表示是一個難題，像 a、b、c、d 這樣的 52 個字母（包括大寫），以及 0、1 等數字，還有一些常用的符號（例如 *、#、@ 等）在電腦中儲存時也要使用二進制數來表示，而具體用哪些二進制數字表示哪個符號，每個人都可以約定自己的一套規則，規定用什麼數字表示什麼資訊，這就叫編碼。而如果要想互相通訊而不造成混亂，就必須使用相同的編碼規則。美國國家標準學會最早提出了 ASCII 編碼，即美國標準資訊交換碼，統一規定了上述常用符號的二進製表示形式。ASCII 碼是標準的單位元組字元編碼方案，用於表示文字資料，它使用指定的 7 位或 8 位二進制陣列合來表示 128 種或 256 種可能的字

元,包括所有的大寫和小寫字母、數字 0 到 9、標點符號以及一些常用的特殊控制字元等。

圖片的資料化處理則更加複雜,常見的 BMP、JPEG、GIF、PNG、TIFF 都是表示影像的編碼格式。以最簡單的 BMP 檔案為例,一幅影像被表示為一些有顏色的點陣,圖片資料裡就存放了這些點的顏色資訊。

圖片及影片資訊轉化為資料,還有個物理轉換的過程。例如,傳統的底片採用溴化銀感光,一張 35 公釐底片的總解析度介於 $4,000 \times 6,000$ 到 $6,500 \times 9,750$ 之間,即 2,400 萬到 6,400 萬個感光顆粒,而每個顆粒表現出來的灰階理論上又是無窮多個取值的連續變化量。將這樣的一幅底片影像掃描,經過取樣的影像空間上被離散成為像素陣列,再將每個樣本像素的灰階值轉化為有限個離散值,賦予不同數位編碼,就成為數位影像,這種轉化就是底片影像的量化。顯然,這個過程損失了大量資訊,但只要清晰度能夠保持在人眼難以分辨的程度,就不影響其使用。

第九章　量化衍生資料

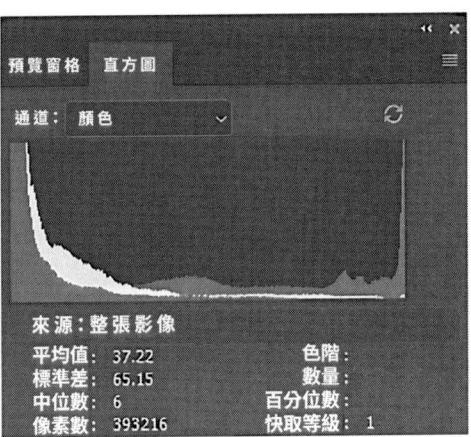

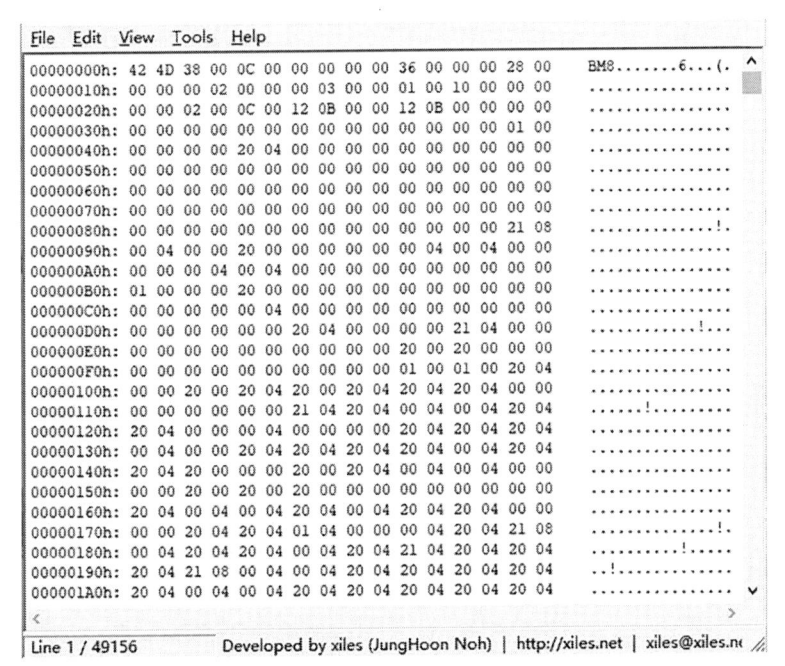

一張 BMP 圖片的資料檔案（下部），右上是其顏色直方圖

第二部分　走進資料的世界

掃描器規格	像素	解析度
2K	2,0481,556	40cycles／mm
3K	3,072×2,334	60 cycles／mm
4K	4,096×3,112	80 cycles／mm
8K	8,196×6,224	160 cycles／mm

此外，底片的工作方式與我們的眼睛很相像，它可容納更廣泛的反差、色彩範圍以及高光和暗部的細節。底片的解析度，即分辨被攝原物細節的能力更高，一般可達100cycles／mm（波數每公釐），柯達50D底片能到200cycles／mm，而2K數位影片的像素是2,048×1,556，只相當於40cycles／mm。

由此可見，目前大量使用的是2K以下的掃描器，解析度還遠不如底片，不能準確還原底片上的細節，使底片上的細部層次、質感受到損失，而且這種損失是不可挽回的。但數位影片也有很多優勢，比如，數位電影的發行不再需要洗印大量的複製，既避免了從原始素材到複製多次翻制的損失，也免除了運輸過程，節約成本又利於環保。

第十章
資料思維

　　數位時代，大量的資料是我們所擁有的「知識及物質」要素之一，而且是最具有活力的要素之一。與此同時，資料內在的客觀性及關聯性又可以挖掘出「有別於常規或常人思路的見解」，找到無法獲取的「蛛絲馬跡」。傳統科學研究方法大多採用假設及驗證的方法來分析問題，進而尋求解決途徑。今天，資料處理技術和處理能力的突破，使資料分析所揭示的規律性結果第一次可以與人的智力創新相提並論。應用大數據技術，人們開展科學研究不再只是從提出自己的假設出發，也可以由數據驅動來引導我們發現規律，先進行資料分析，然後再提出科學假設。資料內容的極大豐富和資料處理能力的創造性提升，也正在改變著社會、經濟、生活的各方面。資料，從來沒有像今天這樣，活力無限。

第二部分 走進資料的世界

1. 資料中的蛛絲馬跡

我們常說「來無影，去無蹤」，人們每天行色匆匆，卻很難留下什麼。在數位時代，這句話要改一改了。我們每天攜帶著具有定位功能的智慧型手機，行動網路就可以透過基地台和室內 Wi-Fi 訊號定位手機所在位置，透過連線取樣點形成手機持有者的運動軌跡，進而取樣記錄。雖然還不能做到如影相隨，但軌跡資料也能回饋手機持有者某時某刻到過哪些地方這樣一些資訊。

在時空環境下，透過對一個或多個移動對象運動過程的取樣所獲得的資訊包括取樣點位置、取樣時間、速度等，按照取樣先後順序就構成了軌跡資料。隨著衛星、無線網路以及定位裝置的發展，大量移動物體的軌跡資料呈急速成長的趨勢，如交通軌跡資料、動物遷徙資料、氣候氣流資料、人群移動資料等。

軌跡資料具有很多重要的用途。GPS 按照一定的取樣頻率記錄所在位置的經緯度資訊，並透過無線網路將資料收集到伺服器上，就形成了設備的軌跡資料。中國某卡車公司，應用 GPS 定位技術連結所送車輛與送車隊車載專用裝置，將 GPS 定位資訊定時自動回傳系統資料庫中，從根本上杜絕了送車過程中套用里程數的現象。快遞產業中，採用 RFID 標籤及條碼技術，對貨物進行標記，藉助車載 GPS 等完成定位和位置資料記錄，形成貨物的移動軌跡。在體育運動領域，獲取運動員的肢體動作

第十章 資料思維

軌跡,成為輔助訓練的研究焦點。

軌跡探勘是資料探勘的一個新興分支,其研究焦點集中於軌跡資料聚類、軌跡資料分類、離群點偵測、興趣區域、隱私保護、位置推薦等方面。例如,可以利用軌跡資料解決城市非法停車的頑疾。非法停車會導致交通擁塞、空氣汙染及交通事故,是世界主要城市面臨的一個普遍問題,而傳統偵測非法停車的手段高度依賴人力,例如,警察巡邏或監視攝影機,成本高、效率低。研究者藉助共享單車的軌跡資料偵測非法停車,因為大多數非法停車就在路邊,會對腳踏車行進路線造成影響。他們首先提取共享單車軌跡資訊,對正常軌跡進行模擬,再借助軌跡評估發現非法停車事件,這個系統已部署在某些外送平臺上。

除現實中的軌跡以外,我們在網路上的行為軌跡同樣可以挖掘。

2006年4月,美國著名網頁設計師雅各布‧尼爾森(Jakob Nielsen)在他的〈眼球軌跡的研究〉報告中提出,大多數情況下瀏覽者都不由自主地以「F」形狀的模式閱讀網頁,即使用者開啟網頁的瀏覽順序是:第一步為水平移動,第二步為目光下移,短範圍水平移動,第三步為垂直瀏覽。這種基本恆定的閱讀習慣決定了網頁呈現「F」形的關注焦點區。

某平臺統計的頁面點選圖數據就驗證了尼爾森的觀點。圖中覆蓋網站頁面的灰色區域是使用者集中點選的網頁內容,集

第二部分　走進資料的世界

中於網站左側的項目分類及網頁中間的廣告位以下的區域，可以看到呈現向下、向右延展的「F」形分布特徵。

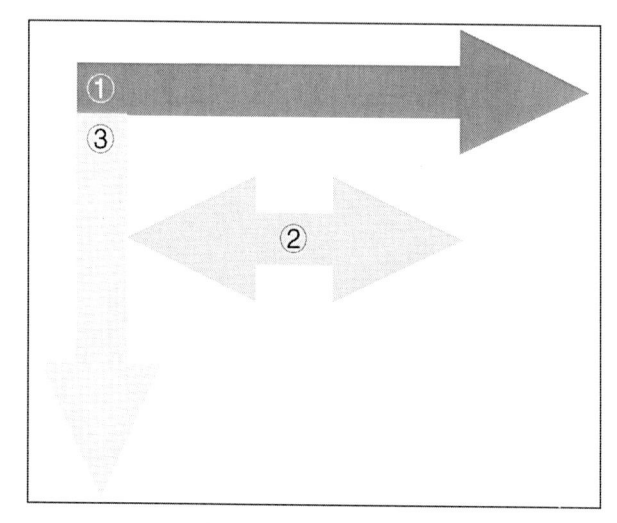

「F」形閱讀網頁模式

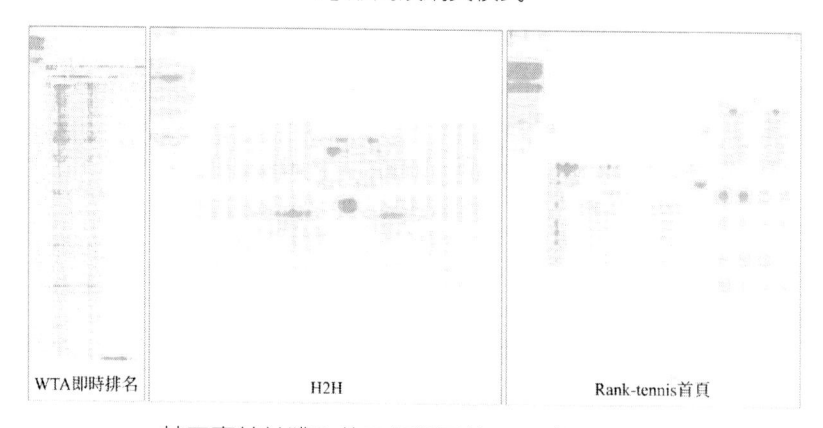

WTA即時排名　　　　H2H　　　　Rank-tennis首頁

某平臺統計獲取的三個網頁的頁面點選圖數據

第十章　資料思維

　　網站的產品經理可以依據後臺這些軌跡數據，清楚詳盡地了解哪些欄目是使用者感興趣的，哪些連結是使用者更願意訪問的，軌跡數據還能夠幫助數據分析者分析點選區域的訪客特徵，分析頁面的點選規律，了解使用者習慣，重新定位網站布局來改善使用者體驗。此外，這些數據還可以分析使用者點選網站的行為，了解使用者點選的密度、使用者關注的連結等，幫助網站進一步改良設計。

2. 量化出精準

　　資料可以幫助管理者將一切業務量化，從而對公司業務盡在掌握，進而提升決策品質及公司業績表現。

　　被譽為科學管理之父的泰勒（Frederick Taylor），早年做過學徒，後來從雜工、技工、技師、維修工一路成長為總工程師。西元1881年，25歲的泰勒在鋼鐵廠工作期間，透過對工人操作動作的研究及分析，消除不必要的動作，修正錯誤的動作，確定合理的操作方法，選定合適的工具……這些讓泰勒總結出來一套合理的操作方法和工具來培訓工人，使大多數人的工作量都能達到或超過定額。1911年，泰勒出版了《科學管理原則》（*The Principles of Scientific Management*）一書，這是世界上第一本精細化管理著作。

　　對航空業來說，準時就是優質的服務，尤其是班機抵達時

間精準。美國一家航空公司委託第三方研究機構 Passur 進行調查，發現大約 10% 的班機的實際到達時間與預計到達時間相差 10 分鐘以上，30% 的班機相差 5 分鐘以上。Passur 公司透過收集天氣、班機日程表等公開資料，結合自己獨立蒐集的其他影響班機因素的非公開資料，綜合預測班機到達時間。使用 Passur 公司的服務後，這家航空公司大幅縮短了飛機預測到達時間和實際抵達之間的時間差。

即使在瞬息萬變的股票市場上，資料往往也能準確把握住稍縱即逝的機會。數學家詹姆士・西蒙斯（James Simons）曾是紐約州立大學石溪分校數學系主任，「陳－西蒙斯形式」就是以美籍華裔數學家陳省身和他的名字命名的。1976 年他獲得美國數學學會的奧斯瓦爾德・維布倫幾何學獎（Oswald Veblen Prize in Geometry）。然而，西蒙斯更大的成功卻是將數學應用於股市投資。西蒙斯領導的大獎章基金（Medallion Fund），在 1989 年到 2006 年的 17 年間，年均報酬率達到了驚人的 38.5%，比索羅斯（George Soros）同期的投資報酬率高出 10 幾個百分點，較同期標普的年均報酬率則高出 20 幾個百分點，而「股神」巴菲特 20 年間的平均報酬率也不過 20%。

西蒙斯將他的數學理論巧妙運用於股票投資實戰中，其成功祕訣主要有三點：一是針對不同市場設計數量化的投資管理模型；二是以電腦運算為主導，排除人為因素干擾；三是在全球各種市場上進行短線交易。這種以先進的數學模型替代人為

的主觀判斷，利用電腦技術制定策略的交易方式稱為量化交易（Quantitative Trading）。

3. 資料產生智慧

在實行階梯電價的中國，尖峰時段用電跟離峰時段用電價格有時會相差 1 倍多。以山東電網為例，尖峰、離峰時段電價按基礎電價上下浮動 60％，6 － 8 月是實施尖峰電價的時段，電價按基礎電價上調 70％。

智慧電表可以更精確地分辨家庭用電的時間區間，居民可以利用好用電的「峰谷」時段，在用電尖峰期減少用電量，將一些電氣設備的使用放在谷底時。電力公司也可以透過分析居民用電規律，制定更為合理的電力排程和峰谷電價策略。可以說，有了智慧電表的資料，才真正實現了智慧用電，這是一件利國福民的好事。

然而，人們很快發現，透過智慧電表獲取的精確用電分時資料，竟然可以發現居民使用電器的模式，繼而推斷居民家庭生活習慣和行為，甚至涉及使用者隱私洩漏問題。

每一種電器都有自己的用電模式，稱為負載特性。蘇黎世聯邦理工學院的研究者透過分析，建立了不同電器的用電指紋資料庫。

第二部分　走進資料的世界

　　有了這個資料庫，再加上居民用電的詳細資料，就可以推測居民家庭的用電規律了，就像圖中所示，這戶居民夜間只有冰箱在工作，7 點半左右用了一次熱水壺，8 點左右用烤麵包機做了早餐，9 點到 10 點用洗衣機洗了衣服，下午 2 點到 5 點一直在用烤箱，晚上又使用了 3 次熱水壺。

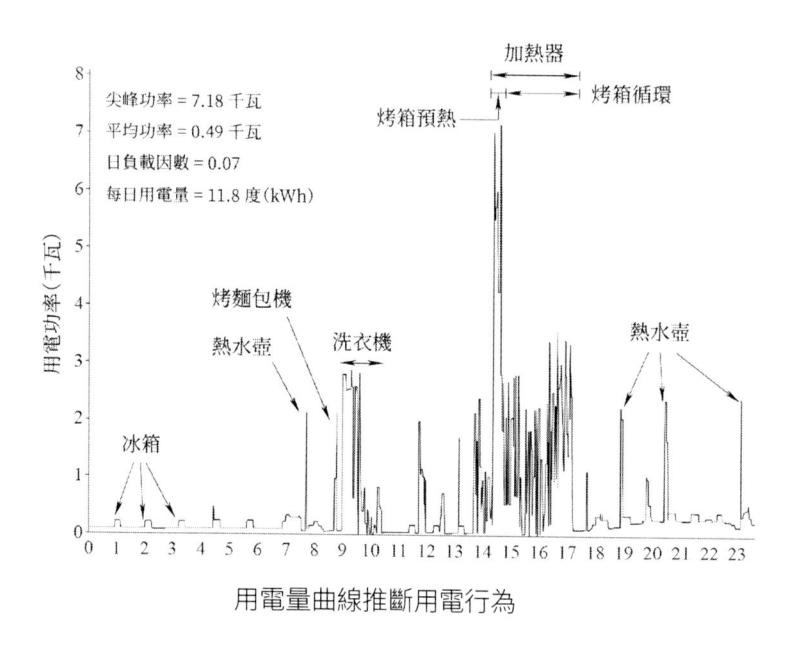

用電量曲線推斷用電行為

　　這個資料能做什麼呢？好的方面，電力公司可以幫助你制定最佳用電策略，必要的時候也可以提供給警察，發現犯罪行為，定位犯罪地點，比如，利用用電資料發現開設地下賭場（超出普通家庭用電）或者室內種植毒品的場所。但也可能有不好的方面，比如，將使用者隱私用於推銷，根據居民家庭洗衣機的

228

第十章 資料思維

使用模式,判斷家庭人口數量、是否有嬰兒,洗衣機是不是壞了,(如果有段時間沒有使用),繼而可以定向地推銷商品。最危險的是一旦資料被犯罪分子利用,就有可能掌握使用者的作息模式。

這個問題已經引起了關注,2011 年,美國加州公用事業委員會制定了新規則,以保護消費者使用「智慧電表」電氣服務的資料。加州是美國各州中第一個制定類似規則的州,它明確了消費者對自己家庭資料的查閱權及控制權、資料最小化原則、資料使用與揭露的限制及資料品質及完整性要求等。電力公用事業及其承包商以及從公用事業公司獲得用電資料的第三方均需接受新規定的約束。

1997 年 5 月 11 日,西洋棋冠軍卡斯帕羅夫(Garry Kasparov)在紐約敗給 IBM 超級電腦「深藍」(Deep Blue),從而在當年的「人機大戰」中以一勝二負三和的戰績敗北。到了 2016 年春天,AlphaGo 與李世石的世紀對決引來全民關注,最終 AlphaGo 以開局 3:0,全場 4:1 的比分,幾乎橫掃人類世界冠軍。

從西洋棋到圍棋,問題的複雜度有了指數級的成長。據推測,西洋棋的狀態空間複雜度為 10^{46},博弈樹複雜度為 10^{123},而圍棋的狀態空間複雜度為 10^{172},博弈樹複雜度為 10^{300}。

而從深藍到 AlphaGo,反映了兩代不同的人工智慧機器人的技術路線。IBM 為了讓深藍學習下棋,手動輸入了幾百年來西洋棋高手對決的棋譜,而 AlphaGo 被放到圍棋平臺,讓它跟真

人對決,自己累積經驗。資料工程師從國際圍棋網站上選取了 3,000 萬局對弈資料,從每局中抽取一手,共 3,000 萬手,用以訓練策略網路。為達到更好的訓練效果,在此之後 AlphaGo 用策略網路與自己對弈,產生出新的 3,000 萬局資料,再次用於訓練。AlphaGo 由此習得了人類棋手的下棋策略,學會針對某個特定局面,高手如何選擇下一手的「大局觀」。

人工智慧藉由大量的資料樣本來「訓練」自己,不斷提升輸出結果的品質。有時候誰能夠取勝,並不取決於誰擁有更好的演算法模型,而是看誰掌握著更多、更好的資料資源。2010 年之前,人工智慧經過近 50 年的發展,對影像分類的準確率還只有 75% 左右,這意味著每 4 張圖片會有 1 張分類錯誤。

2006 年,當時剛剛出任伊利諾大學厄巴納-香檳分校電腦教授的李飛飛意識到資料的重要性,她蒐集大量圖片資料集,建立了 ImageNet 視覺化資料庫,裡面有 2 萬多個類別、超過 1,400 萬幅經人工注釋過的影像。2009 年,李飛飛等在 CVPR 2009 學術會議上發表了一篇名為〈ImageNet: A Large-Scale Hierarchical Image Database〉的論文,之後連續舉辦了 7 屆 ImageNet 挑戰賽(2010 年開始)。從 2010 年到 2016 年,ImageNet 挑戰賽的冠軍演算法的圖片分類錯誤率從 0.28 降到了 0.03,物體辨識的平均準確率從 0.23 上升到了 0.66,已經超過了自然人的辨識準確率。

現在,大數據智慧結合無監督學習、綜合深度推理等理論,

第十章 資料思維

建立數據驅動、以自然語言理解為核心的認知計算模型,形成從大數據到知識、從知識到決策的能力。

2017 年,李飛飛領導的史丹佛大學視覺研究室將人工智慧的研究成果應用於人口統計學中。他們利用應用程式蒐集了 5,000 萬張圖片,使用影像辨識演算法來學習自動蒐集汽車圖片。在搜集了每一輛汽車圖片後,再用 CNN 模型來進行分類,判定每一輛車的品牌、型號、車型及年分。他們總共蒐集 2,200 萬輛(占全美汽車總數 8%)汽車資料,然後將有關汽車類型和位置的資料與當前最完整的人口資料庫、美國社區調查及總統選舉投票資料進行比較,以預測種族、教育、收入及選民傾向等人口因素。

這個事情做起來其實並不容易,主要是資料量太大,如果靠人力來做這件事,按照每個人每分鐘辨識 6 張影像的相對較高速度,大約需要 15 年時間才能完成相同的任務。而李飛飛團隊利用電腦先進的影像智慧辨識及分類演算法,僅用了兩週的時間,就按照品牌、型號和年分,將 5,000 萬張影像中的汽車分類為 2,657 個類別。

接下來的工作就是從大數據到知識、從知識到決策的過程了。李飛飛團隊從資料分析中發現了汽車、人口統計學和政治遊說之間存在著簡單的線性關係。資料分析結果顯示出的關係出人意料地簡單和有力:若在一個城市裡 15 分鐘的車程中,遇到的轎車數量高於卡車數量,那麼這個城市傾向於在下屆大

選中投票給民主黨（88％的機率）；反之則傾向於投票給共和黨（82％的機率）。這項研究顯示，藉助人工智慧所能達到的分辨準確率和效率，能夠有效地輔助勞動密集型的調查方法，可以接近即時地監測人口趨勢。

4. 資料改變產業

電影《魔球》（*Moneyball*）講述了一個將資料分析用於體育經營的故事：美國棒球大聯盟奧克蘭運動家棒球隊總經理比利・比恩在面對球隊經費嚴重不足、缺乏優秀球員、球隊缺乏自信心的情況下，獨闢蹊徑，採用創新性的計算模型，透過資料來分析球員的優勢，挖掘最合適的球員，組建球隊。最終將球隊保持在優秀球隊的行列，打破了棒球大聯盟60多年的連勝紀錄，創造了新的奇蹟。

電影故事雖然富於傳奇色彩，卻掀開了資料分析魔力的一角。實際上，體育訓練及比賽戰術選擇中，採用資料分析手段已經不是新鮮事。

總部設在法國的體育專業數據公司AMISCO公司是採集比賽球員各項數據的佼佼者，該公司為多家歐洲俱樂部提供比賽數據分析服務。在有數據採集的比賽中，賽場內會安裝8部具有熱成像功能的高級攝影機，用以記錄比賽的全過程，攝影機錄

下的數據再被一套超級複雜的分析軟體分析，而最終呈現給客戶的結果，是分門別類、詳細無比的統計數據。2017 年 6 月，AMISCO 公司成為中國足協數據服務供應商。該公司稱為 AMISCOPRO 的解決方案功能包括：

- 呈現球隊球員的三維跑動；
- 與比賽錄影同步；
- 整合（比賽輔助）圖形工具，包括越位分析，運動員行動路線模組等；
- 個人及全隊的完整統計數據；
- 圖表、表格等清單形式的數據；
- 測量身體活動和體能的報告；
- 個人化規則設定；
- 可輸出數據到第三方應用。

實際上，這背後最核心的技術是影片數據分析。足球影片自動分析、誤判問題的解決等這些看似很複雜的問題，都依賴對影片的切割與追蹤，而追蹤演算法背後又需要相關性樣板比對、基於光流場的運動追蹤、邊緣偵測等技術支援。

對足球影片中的球員進行辨識追蹤，大致包括 3 個步驟：從影片中分割提取球員，辨別球員所屬球隊，追蹤球員。

①根據足球場地的顏色特徵，利用顏色分量差值的統計資訊，從影片序列中自動分割球員；

②充分利用影像的顏色資訊,將球員與兩個球隊模板各顏色分量的歸一化統計直方圖做相關性比較,辨識球員所屬的球隊;

③利用球員的上下文資訊,結合基於相關樣板的比對方法,實現對球員的追蹤。

實現了對球員的追蹤,射門、搶球、控球率等數據統計就容易解決了。

經常觀看 NBA 比賽的觀眾會發現,一場比賽中,除了眼花撩亂的精采比賽鏡頭,時不時飄過比賽畫面的數據統計也非常及時。實際上,能像 NBA 這樣把大數據用得如此得心應手的體育聯盟大概找不出第二個。NBA 大數據已經滲透賽場的幾乎每一個角落,從主教練手上的 iPad,到評論員面前的螢幕,乃至於虛擬的電子遊戲中平臺,到處充斥著得分、籃板、助攻、火鍋、抄截、失誤、犯規等一系列的數據。

這一切是怎麼做到的呢?如何才能高效即時地追蹤到這些數據呢?一家位於美國堪薩斯州的新創企業——ShotTracker,給出了自己的答案:用穿戴式感測器來即時追蹤和分析。ShotTracker 成立於 2013 年,這家穿戴式技術與大數據分析新創企業獲得了 500 萬美元的種子輪募資,NBA 球星魔術強森(Magic Johnson)與前 NBA 總裁大衛・史騰(David Stern)亦有參與。此輪融資所得將用於產品微調以及在美國搭設 10 個演示中心的工作。

ShotTracker 的第一代產品由一組手腕感測器與籃網感測器組成,售價為 149 美元。手腕感測器可偵測出運動員的投籃,

而籃網感測器則可以偵測出球是否投進。蒐集足夠多的資料之後，ShotTracker 就可以分析出運動員的投籃情況，並且給出投籃的改進建議。儘管這個東西比較有趣，但職業團隊認為這只是針對個人，對球隊練習幫助不大。於是 ShotTracker 把原來的產品推翻重來，做出 ShotTrackerteam。這款產品由安裝於每位球員鞋帶上的感測器（追蹤球員運動）、安裝在球內的感測器（追蹤球的運動）以及 4 個球場感測器（追蹤額外運動）組成，可以即時對整支球隊（最多 18 人）進行分析。

這套追蹤裝置除了可以即時呈現練習情況，其最大的好處是把以往通常由人工進行的數據統計工作自動完成。比如，失誤數、抄截數、助攻數、得分數等都可以由演算法自動計算，唯一需要人工統計的是犯規數，統計結果再傳到顯示裝置上。

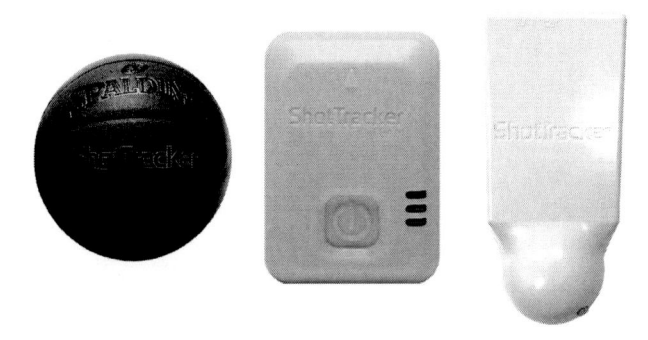

可以安裝在比賽用球、球鞋及場地上的感測器

當然，自動化追蹤裝置的代價自然也不菲，整套裝置設備需要 3,000 美元，額外分析服務 1,200 美元 / 年起步。但是對

NBA 職業球隊及大學籃球隊來說，這點錢根本就是「毛毛雨」。只要有助於球員提高能力，球隊提高成績，這樣的大數據分析服務肯定物有所值。而強森和史騰同時還擔任了 ShotTracker 的顧問，這必然有助於 ShotTracker 在職業球隊的推廣。

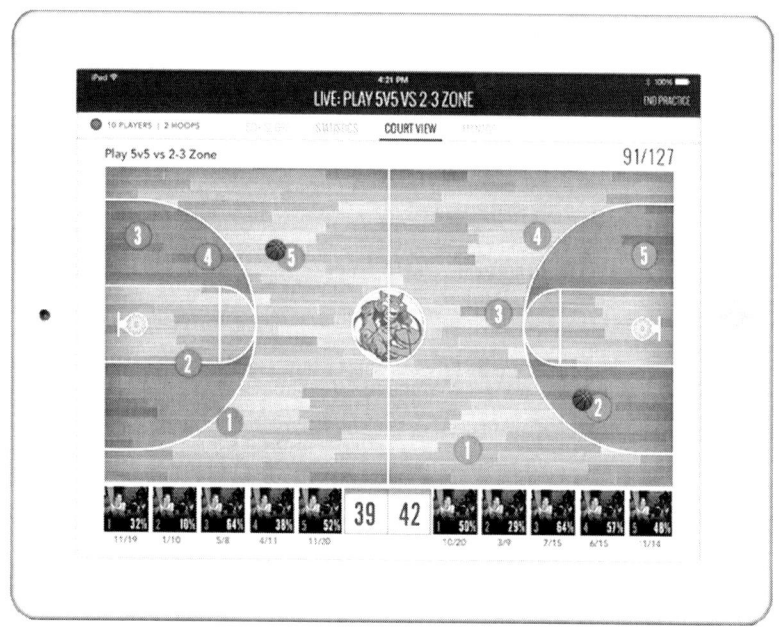

ShotTracker 的數據分析視覺化界面

但是 ShotTracker 的長遠目標比 NBA 市場更大 —— 其願景是成為體育館的必備裝置，就像咖啡廳的 Wi-Fi 一樣。其想法是在體育館安裝球場感測器，接受服務的球隊和球員只要穿上帶相容感測器的球鞋就能獲得 NBA 球隊級別的分析服務。此外，ShotTracker 還準備把類似技術應用到棒球等其他運動上。

第十章　資料思維

　　現代 F1 賽車比賽也是一項數據驅動的運動。作為世界上最昂貴、速度最快、科技含量最高的運動，F1 賽車引擎的「巨大轟鳴聲」讓無數車迷瘋狂，對每一位成功的 F1 車手來說，他背後都離不開團隊成員及高科技設備的支持以及獲勝的關鍵資訊——賽車數據的支持。對卡特漢姆車隊來說，戴爾所提供的設備與技術支援則是車隊獲勝的關鍵法寶。正是得益於一次次的數據分析和推理，賽車手才能夠最終登上冠軍的領獎臺。

　　在卡特漢姆使用的企業級計算環境中包括兩套重要的計算系統，一套是位於英國倫敦總部的高效能運算環境，另一套則是位於 F1 比賽現場的賽道 IT 環境，兩套計算環境各司其職。位於卡特漢姆倫敦總部的高效能運算環境主要應對流體力學方面的計算，具體就是在高效能運算環境中精確地模擬風洞，從而改進賽車的設計。位於 F1 比賽現場的賽道 IT 環境則是車隊取得更好成績的重要保證。戴爾提供的賽道 IT 系統，負責對比賽過程中賽車上數百個感測器數據的即時蒐集、分析，並將賽車的引擎狀態、燃料、輪胎情況、車手狀態以及賽車的其他各項指標分析呈現，並根據現場比賽條件對賽車和路線進行改良，以幫助即時地做出策略上的改變。

　　賽車比賽，差之毫釐，謬以千里，需要關注每一個細微的方面。天氣也是影響賽車表現的關鍵因素之一，包括氣壓、溫度、風向、降雨在內的氣象數據是制定車手比賽策略及戰術的重要參考。例如，輪胎配置必須在賽前 14 週完成，而準確的歷

史氣象數據對於出賽輪胎的選擇至關重要。臨近比賽日時,比賽場地的近期與歷史氣象趨勢將用於模型計算,協助車隊為賽車的動力表現設定高精度基準線,確保賽車在賽道上發揮最佳表現。

因此,專業的天氣數據公司 The Weather Company 也成了 F1 車隊的合作夥伴。這家隸屬於 IBM 的天氣預報公司憑藉其全球領先的強大、精密資料分析引擎,可提供全球 22 億個位置的天氣預報資訊,每天響應來自全球 3,500 家企業客戶的 500 億次氣象資訊請求,幫助他們做出更準確合理的商業決策。奧斯頓‧馬丁紅牛車隊的運作團隊就是透過即時獲取 The Weather Company 為車隊量身打造的任意地點準確的天氣預報,幫助車隊完成從賽前活動管理到出賽的工作規劃,整體提升車手表現。

第三部分
開啟資料元宇宙

第三部分　開啟資料元宇宙

第十一章
數位對映

1. 資料視覺化

人類大腦對圖像資訊的處理優於對文字的處理,因此使用圖表、圖形、設計元素等視覺化形式可以幫助人們更容易地解釋數據模式、趨勢、統計資料及資料相關性。一個最常見的例子就是股票變化的 K 線圖,漲跌趨勢,一目了然。所謂的資料視覺化就是藉助圖像化手段表現資料,清楚有效地傳達與溝通,核心是利用人類視覺系統來更容易地理解抽象資料背後的特徵。

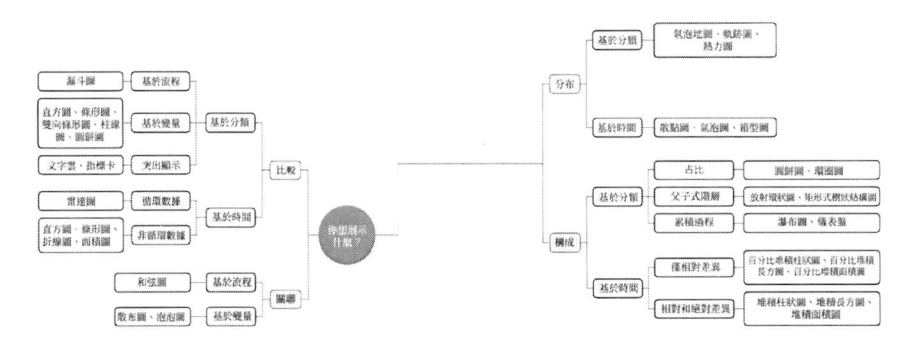

資料視覺化類型及適用場景

第三部分　開啟資料元宇宙

視覺化的最高境界是有效地傳達思想觀念，同時兼顧美學形式與功能，資料學家及電腦視覺研究者已經開發出了很多種視覺化資料的形式，除了傳統的柱形圖、折線圖、餅圖、散點圖、氣泡圖、雷達圖等圖表形式，還發明了更現代的熱點圖、泡泡圖、立體柱狀圖、立體熱力圖、二維密度圖、熱力渲染、靜態線圖、飛線圖、動態網格密度圖、蜂窩網格密度圖等圖形形式，可以透過各種動畫圖等動態方式展現資料的變化，極大豐富了資訊的表達力。

大數據具有低價值密度的特點，有價值的數據線索往往隱藏在龐雜的數據後面。除了清楚地傳達資料表層的關鍵特徵，視覺化還有助於實現對那些稀疏而又複雜的數據集的深入洞察。因此，在對資料進行視覺化之前，需要先分析資料及其隱藏的內在模式與關係，設計好的視覺化形式，然後再利用電腦生成影像，呈現資料。技術始終還是要服務於內容，因此好的視覺化技術往往是在對資料充分理解的基礎上研發出來的。資料內容需求無止境，視覺化技術開發就無止境。

枯燥的資經由視覺化手段展現，令人耳目一新，比如，有傳播媒體與大學研究團隊攜手合作，對《全宋詞》近 21,000 首詞作、近 1,330 家詞人進行了分析與視覺化，提供了解讀古典詩詞的有趣視角。

兩宋三百餘年，2 萬多首宋詞佳篇，或豪放，或婉約，傳誦至今。宋詞中，哪些詞最常出現？詞頻統計告訴我們，「何處」、

「東風」、「人間」是最常見的 3 個詞。此外,「西風」、「春風」、「風流」、「歸來」、「相思」等也用得比較頻繁,說明宋詞的整體風格還是偏婉約。

《全宋詞》詞頻統計結果

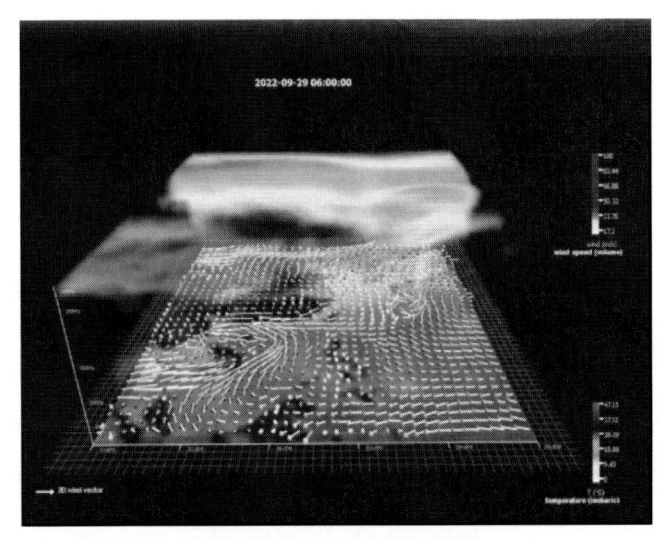

颱風「洛克」的 3D 動態資訊

除了圖、表，還可以實現立體視覺化。與靜態資料視覺化相對應的，還可以實現動態視覺化，這對於那些具有時空屬性的資料表達便於直覺理解。例如，可以將某地立體分層的氣象數據，用 3D 模型展現出來，這對於分析判斷天氣的變化，就格外方便。如果再疊加上氣象數據的即時變化，那就真的可以「坐看風起雲湧，靜待雲卷雲舒」了。

2. 沉浸在虛擬實境

虛擬實境技術，顧名思義，就是在虛擬空間呈現的現實。這個虛擬空間是存在於電腦及網路裡的虛擬世界。

虛擬與現實兩詞具有相互矛盾的含義，虛擬實境中的世界是邏輯的和想像出來的，想像空間中有一個原點 (0,0,0) 和 3 個互相垂直的座標軸 x，y，z，就可以建構出一個虛擬的立體空間，再把各式各樣的物體擺放在合適的三維座標位置上，就構成了虛擬的世界。虛擬空間中的物體可以用虛空間中的若干點表達，每個點都有自己的座標，這些座標就是數據，很多個點構成點雲，然後將點雲按一定規則連線成三角面片，就可以表示物體的表面。如果點雲足夠細密，三角面片足夠小，就可以獲取高精度的 3D 模型。所以，虛擬實境就是這樣一個數據世界。

有研究指出，五感中的視覺約占 83%，聽覺約占 11%，

第十一章　數位對映

其他觸覺、嗅覺及味覺則會小於6%，所以以視覺為主的虛擬實境技術能夠非常好地呈現虛擬世界。我們所看到的一切，不過是視網膜上的影像。過去，視網膜上的影像都是真實世界的反映，因此客觀的真實世界同主觀的感知世界是一致的。電腦重構的三維虛擬場景，同樣需要經過光照和物體表面紋理的渲染，再根據使用者的觀察視角計算出投影，就可以模擬使用者逼真的視覺感知。使用者還可以在這個虛擬空間中移動，電腦立即根據使用者與物體位置、使用者的視角變換進行複雜的運算，再將精確的三維世界影像投影傳遞給使用者，產生臨場漫遊感。

虛擬實境（Virtual Reality, VR）的概念最早來自史坦利・溫鮑姆（Stanley Weinbaum）的科幻小說《皮格馬利翁的眼鏡》（*Pygmalion's Spectacles*），這部科幻作品描述了以嗅覺、觸覺和全像護目鏡為基礎的虛擬實境系統。由於使用者對視聽互動的真實感需求不斷進階，虛擬實境的發展並不是很順利，一旦技術跟不上使用者的需求，產業就會陷入谷底。實際上這主要是受限於計算能力，人們在虛擬內容創造上的想像力可以天馬行空，創作時可以穿越歷史、縱橫星際、如夢似幻，但從建構虛擬實境場景來看，尤其是要做到高畫質和即時，就需要強大的計算能力。

虛擬實境的「沉浸」感是一個很重要的指標，就是讓參與者得到一種酷似真實環境、可以完全投入情境中的感覺。怎樣才

能做到具有真實感呢？人眼在 1 公尺的觀賞距離，無法清楚分辨出間距小於 0.29 公釐的兩個像素點，所以要想欺騙大腦，達到視網膜級別的真實感體驗，輸出影像需要至少 16K 解析度。另外，更新率要達到 120Hz，網路延遲需要小於 7 毫秒，才能達到無眩暈感的體驗。這就要求頻寬必須超過 4.2Gbps。2019 年，5G 技術的出現，讓虛擬實境迎來新的機會，5G 技術所具有的高頻寬與低延遲特徵恰好滿足了虛擬實境應用的需求。

此外，虛擬實境中的真實感即時渲染技術也在快速發展，與影視特效動輒數月乃至以年計的渲染週期不同，虛擬實境的強互動性需要另闢蹊徑，如發展雲端渲染平臺、人工智慧與注視點彩現等技術，進一步改良渲染品質與效率間的平衡。內容製作方面，六自由度（6DoF）影片攝製、虛擬化身（avatar）等技術的發展進一步提升了在虛擬實境空間中體驗的社交性、沉浸感與個人化。感知互動方面，內向外追蹤（inside-out tracking）技術已全面成熟，手勢追蹤、眼動追蹤、沉浸式影音等技術使虛擬實境中的互動更加自然和智慧化。

就像當年智慧型手機帶動了短影片和手遊內容一樣，硬體技術的突破也為虛擬實境的內容建設開啟了空間，圍繞虛擬實境的內容生態建設已經成為產業發展的下一個藍海。

3. 擴增實境與延展實境

虛擬實境多是指已經包裝好的視覺與音訊數位內容的渲染版本。而現實應用中，我們還需要在虛擬實境資訊上，疊加當前真實世界環境的真實影像，這就是擴增實境（Augmented Reality，AR）。混合實境可以看作擴增實境的高級形式，是將虛擬元素融入物理場景中，虛擬疊加的內容能夠與現實世界進行即時互動，比如，虛擬汽車可以避讓現實場景中的障礙物。

擴增實境系統的關鍵在於如何將擴增虛擬對象與實際環境結合，需要從攝取裝置中的影像獲取真實世界的座標，再將擴增對象疊合到座標上。混合實境則更要求空間一致性，如果使用者在現實世界中移動，那麼虛擬疊加內容應當錨定在現實世界中。

在工業領域，透過視覺辨識設備，配上工業物聯網連線的即時資料，擴增實境手段就可以將資料融合到視覺中，實現直覺、即時的設備監測，幫助工人即時了解設備運行狀態便捷地操控現場設備。擴增實境還可以用於設備、技術的遠端專家支持，維修、操作指導和培訓考核。例如，在飛機等複雜機械的製造和裝配的過程中，涉及很多精細且關鍵的操作，如飛機線束很複雜，需要將很多條線束與多孔連結器連接，孔與孔之間的距離很小，常規的接線操作，需要3個工人共同合作，分別擔任操作、指導、檢測的角色，工作繁雜且易於出錯。利用擴

增實境裝置輔助操作，原先 3 個人需要花 2 個小時才能完成的 80 孔連結器端接工作，現在一個操作人員 20 分鐘就能夠完成任務，即使是非熟練操作人員也能快速上手。

疊加到工廠場景中的擴增實境看板

擴增實境的典型應用是戰鬥機飛行員的抬頭顯示器（HUD），它可以將儀表讀數和武器瞄準資訊投射於飛行員面前的透明顯示螢幕上，使飛行員在飛行和作戰中不必低頭查看座艙中的儀表。在商業領域，也有公司已經將擴增實境技術應用在了地圖產品中，透過擴增實境達成精準導航。

還有一個概念叫延展實境，簡稱 XR，這裡的「X」包含了擴增實境技術、虛擬實境技術及混合實境技術（Mixed Reality, MR），綜合了電腦技術、感知及互動式裝置等，建構真實與虛擬融合的環境。延展實境以其三維化、自然互動、空間計算等

不同於當前網路裝置的特性,被認為是下一代人機互動的主要平臺。

4. 數位對映

數位對映(Digital Twin)的概念來源於 CAD 技術,自從有了數位化,製造業經歷了由實到虛,又由虛到實,最終實現虛實結合的過程。使用電腦以後,所有工程資訊,如圖形、尺寸、符號等,都是以數位化的形式表現的。電腦圖形的生成與手工在圖板上繪圖不同,必須先建立圖形的數位模型和儲存資料結構,透過相關運算,才能把圖形儲存在電腦中或顯示在螢幕上。隨著電腦技術的發展,有了 CAE 等模擬手段,電腦逐步代替人腦承擔起複雜的計算與分析工作,透過數位化達成了產品由物理空間到數位空間的轉換,這是由實到虛的過程。

1952 年,美國首先研製成功數控機床。1958 年,隨著刀庫的發明,出現了能在一臺工具機上透過自動換刀實現銑、鑽、鏜、鉸及攻絲等多種加工的 CNC 加工中心。CNC 工具機接收產品資料、操作指令的輸入,完成製造加工過程。目前,五軸聯動 CNC 工具機系統是解決葉輪、葉片、船用螺旋槳、重型發電機轉子、汽輪機轉子、大型柴油機曲軸等複雜產品加工的重要手段。來自數據空間的指令直接操控設備,就是實現了由虛到實的轉換。

第三部分　開啟資料元宇宙

　　虛實相互打通,就有了數位對映的概念。數位對映一詞最早由密西根大學格里夫斯教授(Michael Grieves)提出,數位對映在數位世界建立一個與真實世界系統運行效能完全一致,且可實現即時模擬的數位模型。但一個描述鐘擺軌跡的方程式透過程式設計形成模型後,是一個鐘擺的數位對映嗎?不是。因為它只描述了鐘擺的理想狀態(例如,真空無阻力),卻沒有記錄它的真實運動情況。只有把鐘擺在空氣中的運動狀態、風的干擾、齒輪的損耗等數據透過感測器即時回饋送到模型後,鐘擺的模型,才真正成了鐘擺的數位對映。因此,數位對映不應該只是反映預設條件下的模擬結果,而是要反映真實的結果。

　　美國國防部最早提出將數位對映技術用於航空飛行器的維護與保障。首先在數位空間建立真實飛機的模型,並透過感測器達成與飛機真實狀態完全同步,這樣每次飛行後,都可以根據結構的現況與歷次負載資料,即時分析評估是否需要維修,能否承受下次的任務。

　　美國空軍研究實驗室 2013 年啟動的 Spiral 1 計畫就是其中重要的一步,該計畫以美國空軍的 F-15 戰鬥機為測試平臺,整合現有最先進的技術,以當前具有的實際能力為測試基準,從而標示出虛擬與實體還存在的差距,奇異公司(GE)及諾斯洛普·格魯曼公司(Northrop Grumman)也參與了此項工作。奇異公司還把數位對映作為工業網路的一個重要概念,力圖透過大數據的分析,完整地透視物理世界機器實際運作的情況。而產

第十一章　數位對映

品全生命週期管理（PLM）廠商 PTC 公司更為激進，將數位對映作為主推的「智慧互聯產品」的關鍵性環節，智慧產品的每一個動作，都會重新返回設計師的桌面，從而實現即時的回饋與革命性的改良策略。

數位對映還展現了軟體、硬體及物聯網的回饋機制。數位對映的關鍵點是資料可以雙向傳輸、雙向驅動，從物理對映體傳輸到數位對映體的資料往往源於物理對映體感測器（例如，GE 用大量感測器觀察航空發動機執行情況）；反之，從數位對映體傳輸到物理對映體的資料往往是出自科學原理、模擬和虛擬測試模型的計算，用於模擬、預測物理對映體的某些特徵和行為，例如，用流體模擬技術計算汽車高速行駛的風阻力。數位對映的雙向驅動展現在兩個方面：一方面，基於資料模型執行各類模擬、分析、資料累積、資料探勘及更複雜的人工智慧計算工作，可以充分運用雲端、邊緣、終端的計算能力，快速得到改良結果，推動實體系統執行的改良；另一方面，現實物理系統向虛擬資料模型的即時回饋，可以將物理世界發生的一切，及時、真實地傳遞到虛擬空間中，保證數位世界與物理世界的協調一致。

數位對映正在引領人們穿越虛實之間的界限，在虛擬世界與現實環境之間自由地互動。美國《航空週報》（*Aviation Week*）曾經做出這樣的預測：「到了 2035 年，當航空公司接收一架新飛機時，還將同時接收另外一套數位模型。每組註冊編號，都

伴隨著一套十分詳細的數位模型。」每一架飛機都不再孤獨。因為它將擁有一個忠誠的「影子」，終生相伴，永不消失，這就是數位對映的本意。

更大的範圍內，如智慧城市中的物聯網感測器也在持續生成城市運作的環境資料。未來，城市中的每一個物理實體都將有一個數位對映如樓宇、街道、地下綜合管道及其他基礎設施等，將組成城市數位對映，達成更加智慧的城市管理。

第十二章
建構資料世界的規則

1. 如何認證「我是我」?

在物理世界中,人們可以透過生物特徵辨識一個具體的個體,這些生物特徵包括一個人的面孔、指紋、指靜脈、虹膜、DNA 等。但在數位世界中,證明「我是我」就成了比較難的一件事情,人們很難信任隔著網路或者 Wi-Fi 訊號的客體是真實的那個人,或者可能根本不是一個「人」?

數位認證,就是為數位世界裡的相關各方提供真實性、可靠性驗證的活動,透過頒發數位憑證,確認網路中傳遞資訊的個人身分,確定網路中一個人的真實性,即確保個人線上身分同線下身分一致。數位憑證由合法的憑證管理中心在遵循國際相關標準規範的基礎上頒發。

數位憑證認證系統基於公開金鑰基礎設施關鍵技術建構。一般而言,加密需要金鑰,對稱加密需要用同一個金鑰,交易雙方都使用同樣鑰匙,安全性得不到保證,而非對稱加密使用一對「私密金鑰 —— 公開金鑰」兩個金鑰,用私密金鑰加密的

內容只有對應公開金鑰才能解開,反之亦然。公開金鑰是公開的,並且不能透過公開金鑰反推出私密金鑰。

數位憑證便是基於這項原理所設計。憑證中通常包含主體的公開金鑰、主體名稱、簽章演算法產生的簽章值、有效期限、憑證簽發者名稱,以及憑證序號等資訊。其中,憑證的數位簽章(Digital Signature)是由憑證單位的私密金鑰將憑證內容的摘要進行加密生成的。而因為公開金鑰是公開的,任何人都可利用公開金鑰解密數位簽章,得到原文的摘要,再用同樣的摘要演算法提取憑證的摘要,兩相比對,若一致,則說明這個憑證是可以信任的。

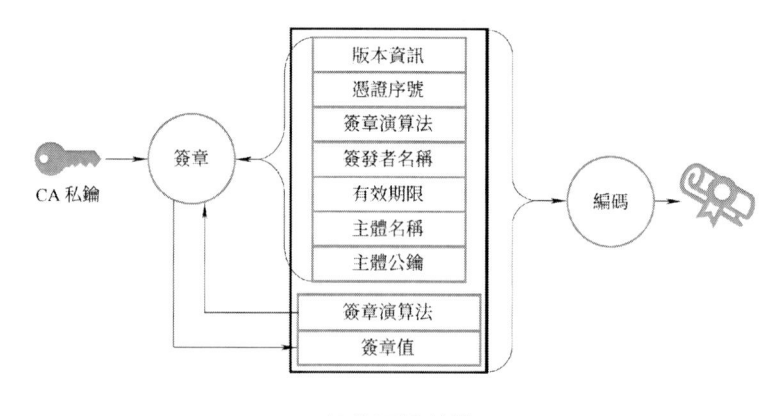

數位憑證結構

具有權威性的認證機構為每位使用公開金鑰的使用者發放一個數位憑證,其作用是證明憑證中列出的使用者合法擁有憑證中列出的公開金鑰。認證機構的數位簽章使攻擊者不能偽造

或竄改憑證，它負責產生、分配並管理所有參與網路交易的個體所需的數位憑證，因此是安全電子交易的核心環節。

想獲取憑證的使用者，應先向認證機構提出申請，機構確認申請者的身分後，為其分配一把公開金鑰，並將該公開金鑰與其身分資訊進行摘要運算，得到憑證的摘要，接著憑證管理中心用自己的私密金鑰將摘要執行簽章演算法，產生憑證的數位簽章，將憑證資訊及數位簽章一併發還給申請者。如果一個使用者想驗證另一個數位憑證的真偽，就可用公開金鑰對那個憑證的簽章進行驗證，若驗證通過則該憑證被認定為有效。

網路中有各式各樣的客體，都需要認證：

法人憑證。用來證明單位、組織在網路上的數位身分，包含機構資訊和金鑰資訊，可用於工商、稅務、金融、社會保險、政府採購、行政辦公等一系列的電子活動。

個人數位憑證。用以識別個人在網路中的數位身分，包含所有者的資訊、所有者的公開金鑰和機構的數位簽章等項目。使用者使用此憑證在網得識別憑證持有人的數位身分，用來保證資訊在網路傳輸過程中的安全性與完整性。利用數位憑證進行數位簽章，其作用與手寫的簽名具有同等法律效力。

裝置憑證（Device Certificate）。主要核發給 Web 站點或其他需要安全鑑別的伺服器或用戶端，包含持有憑證的伺服器或用戶端的基本資訊與金鑰資訊，用以確認伺服器或用戶端的身分資訊。

安全通訊協定 SSL（Secure socket layer）。透過在用戶端瀏覽器與 Web 伺服器之間建立一條 SSL 安全通道安全協議，用來提供對使用者和伺服器的認證，並對傳送的資料進行加密及隱藏，確保資料在傳送中不被改變。

數位憑證的作用主要有驗證身分真實性、防竄改、防抵賴和保密性。

2. 防止資料被竄改，拒絕抵賴

數位憑證可以用於驗證身分的真實性，但我們還要保證數位資產的安全，防止資料被竄改，拒絕惡意行為。

為了防止物理資料被竄改，人們想了很多辦法，例如，在文件上蓋上火印或者印章，財務記帳用大寫中文數字「壹、貳、參、肆、伍……」。電子化的資料易於傳播，也更容易被竄改或遺失，人們也想了很多辦法，如對資料做 MD5 簽章，對資料庫操作日誌記錄以防止非法登入等。直到區塊鏈技術的出現，人們終於找到了防止竄改、拒絕抵賴的好辦法。

區塊鏈藉由密碼學與共識機制等技術，因按照時間順序將資料區塊以順序相連的方式組合成鏈而得名，並以密碼學技術保證資料不可竄改和不可偽造。

區塊鏈的本質是一個分散式的公共帳本，其資料儲存在分

散式節點上,修改大量區塊的成本極高,只要不能掌控全部資料節點的51%,就無法肆意操控修改資料,且破壞資料並不符合重要參與者的自身利益,這正是區塊鏈的共識機制設計。這種機制使區塊鏈參與者彼此保護,又相互牽制,再加上密碼技術保證資料安全可靠性,因此區塊鏈的資料穩定性及可靠性都極高。

自資料被記錄到公共帳本後,任何人皆可以對這個帳本進行查核,但共識機制確保了任何單一使用者都無法更改交易。如果交易記錄包含錯誤內容,則必須新增新交易以撤銷該錯誤,然後這兩筆交易都是可見的。

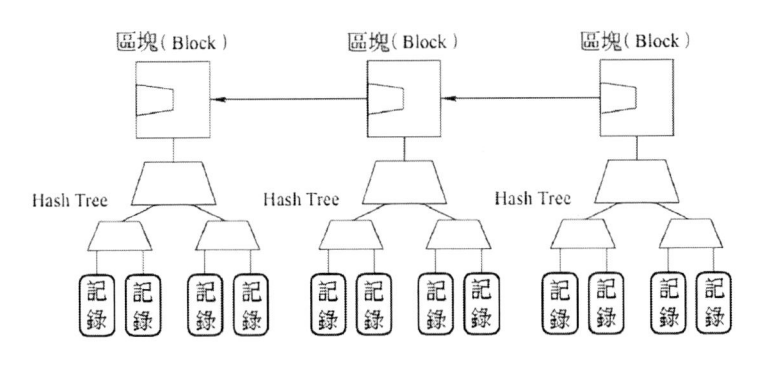

區塊鏈是一個分散式帳本

區塊鏈中的資料用雜湊演算法(hash functions)確保不可竄改,雜湊演算法是一種數學運算,輸入一段數據,以一種不可逆的方式將它轉化成一段長度較短、位數固定的輸出資料。目前區塊鏈普遍採用的SHA256雜湊演算法的雜湊長度是256位,

第三部分　開啟資料元宇宙

不管原始內容是什麼，一個文字檔案或者是一部記錄兩個小時電影的檔案，最後都會計算出一個 256 位的二進制數字。256 位的資料雖然寫出來是個不長的數，但這個數字的取值空間實際上已經足夠龐大，大到只要原始內容不同，對應的雜湊結果一定是不同的。雜湊運算是一種單向計算，不可逆，也就是說無法藉由雜湊值反推出原始資料。雜湊演算法還有個「雪崩效應」（avalanche effect）特徵，就是輸入資料哪怕只有細微的差異，輸出的結果也會天差地別。

可以把區塊鏈中的雜湊操作想像成一個「騎縫章」：

騎縫章＝ hash（本頁內容，上頁的騎縫章，時間戳）

這樣，區塊鏈的雜湊值就可以唯一地、不可逆地、準確地標識一個區塊。

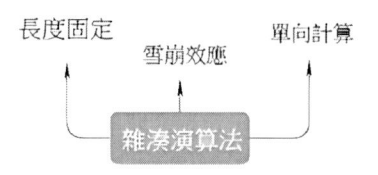

雜湊演算法的主要特徵

區塊鏈使智慧合約成為現實。所謂智慧合約，就是一個在電腦系統中，當特定條件被滿足時，可以被自動執行的合約。現實中，許多人每個月信用卡的到期還款是自動執行的，從關

聯的儲蓄帳戶扣除信用卡透支的款項,這源於我們對銀行的信任。而部署在區塊鏈分散式帳本中的智慧合約程式也能夠承擔接收、儲存及轉移價值的功能,這是源於對區塊鏈「不可竄改」機制的信任。當有事件觸發了區塊鏈所保障的智慧合約的自動執行,那交易就可以執行下去。

區塊鏈解決了資料所有者之間的存證、資料合作、資料共享、數位憑證可信流轉、交易溯源等難題,發揮了防竄改、拒抵賴的效力。最終,透過區塊鏈技術,我們在數位空間這個彼此看不到摸不到的「多方不可信」環境中建立起了信任關係。從目前應用來看,區塊鏈已經不僅限於比特幣等虛擬貨幣,而是面向電子政務、民生服務、金融、供應鏈等領域,用於資料的存證、溯源、資料賦能等更廣泛的應用。

3. 資料標記與 NFT

未來是萬物互聯的智慧世界,過去 10 年全球物聯網連線數的年複合成長率達到 10%,2030 年物聯網連線數將有指數級的增加。據國際資料公司(IDC)預測,隨著採用率的提升,到 2025 年,物聯網裝置產生的資料量將達到 73.1ZB,而 2020 年全球資料總量只有 44ZB。

如此龐大的資料量,帶來資料處理與分析的難題。要挖掘

第三部分　開啟資料元宇宙

資料的價值,就需要理解並掌握物聯網產生的各類割裂資料的來源、流動過程、用途等,解決「資料孤島」這一現象。資料標識可理解為物聯網裝置的「身分證」,就是賦予每個裝置、產品、數位對象一個全生命週期的唯一的證明,以達成資料資源的區分和管理。

在工業領域,有國家已建立了工業網路標識解析體系,自上而下畫分為國際節點、國家頂級節點、二級節點、企業節點及遞迴解析節點。針對企業使用的不同標識系統,提供公共標識解析服務,協助企業達成各環節、各企業間資訊的對接與互通,將「資料孤島」轉變成基於統一標識的全流程資料自由流動體系,達成設計、生產、市場、售後資訊的全面數位化與互動。

工業網際網路的標識解析,本質是將工業網路標識翻譯為物體或者相關資訊伺服器的地址,並在此基礎上增加了查詢物品屬性資料的過程,從而支撐工業網路中資料資產的傳遞。以設備資產健康管理為例,可以透過對該設備的每個核心零件賦予唯一標識,將核心零件與整機組設備資訊相關聯,達成生產運行智慧監控及改良,設備故障主動預測維修。在設備運行時,透過對設備工作引數、環境引數、產品品質資料的全面採集,建立設備效能模型,進行設備狀態分析和效能分析,尋找解決方案,提高設備利用率與產品品質,降低成本。

近年出現的 NFT 是另一種數位資產憑證,NFT 全稱是非同質化代幣,是隨著區塊鏈的發展而產生的,它被稱為區塊鏈數

位帳本上的數位資產憑證，每個代幣可以代表一個獨特的數位資產。這裡的「同質化」指的是本質與價值相同，非同質化則指本質不同，價值也不同。可以通俗地將 NFT 理解為登記在區塊鏈上的數位資產「證書」，當數位資產被鑄造成 NFT 後，它將被永久儲存在區塊鏈中，具有唯一性、不可分割性、可交易性與可追溯性的特性。

NFT 可以是任何數位化的東西，它的價值不在於被數位化的資產本身，而是大眾對這資產價值的「共識」。2021 年春，無聊猿遊艇俱樂部（Bored Ape Yacht Club, BAYC）引領了一波 NFT 熱潮 4 月 22 日晚上，30 隻「無聊猿」NFT 最先被「鑄造」出來。隔日，剩下 9,970 隻數位猿猴的所有權以單價 0.08 以太幣（ETH）出售，形態各異的「無聊猿」形象被陸續揭開。4 月 30 日，「無聊猿」NFT 正式上線，到 5 月 1 日即售罄。5 月，包括達拉斯獨行俠隊老闆馬克・庫班（Mark Cuban）在內的部分名人開始買入無聊猿，這使無聊猿進入名流圈，越來越多的社會名人開始關注或買入無聊猿，使之成為名流圈的社交貨幣。其中，NBA 球星柯瑞（Stephen Curry）花了 55 個 ETH 買下一個無聊猿 NFT，約合 18 萬美元，俠客奧尼爾（Shaquille O'Neal）、足球明星內馬爾（Neymar）、周杰倫都成為無聊猿 NFT 的擁有者。

事實上，NFT 只是用來標記這個無聊猿特定資產的所有權，由於名人的競相追捧，NFT 成為一種身分象徵。高資產人士對 NFT 有共識且有預期，有共識便會有價值，正是因為柯瑞、

周杰倫等購買了無聊猿 NFT，那張本來不值錢的圖片便因此而具有了價值。因此，社交關係、線下權益與增值空間均是抬升 NFT 價格的因素，NFT 的可交易性更讓它帶有了金融的屬性。

曾經，拍賣行主要拍賣古董或者大師的藝術品。但 2021 年 9 月，世界知名拍賣行蘇富比以 2,620 萬美元的價格拍出了 101 個無聊猿 NFT 和 101 個無聊猿犬舍 NFT（無聊猿的配屬產品）。負責本次活動的珠寶專家蒂芬妮・杜賓（Tiffany Dubin）指出，對 30 歲以下的消費者而言，數位資產已經變得與實體資產一樣重要，奢侈品已經被重新定義，這也是蘇富比拍賣行未來努力的方向。不過換一個角度思考也許就想通了，梵谷的《向日葵》當年拍出 4,000 萬美元的天價，那是人們對這幅畫的價值的認可。無聊猿 NFT 已經給大眾留下了稀缺、昂貴的認知印象，大眾認可其價值也就不奇怪了。

NFT 在中國也催生了「線上文博」的熱潮，敦煌研究院、南越王博物院、中國文字博物館、甘肅博物館、河南博物院等文博機構，紛紛與中國本地的網路企業合作，集中上線了一批文物數位藏品。

當每一個數位對象皆能夠被標識，每一份數位資產都能夠被定價，就構造了未來數位世界的基本經濟規則。

4. 資料隱私與保護

資料共享也帶來了安全及隱私方面的挑戰。我們常說大數據時代沒有真正的隱私。因為資料的關聯性，我們想方設法保護的個人身分與隱私，往往因為資料之間千絲萬縷的連繫，而被演算法合理合法的推理發現了。在機器學習的推動下，資料探勘與分析能力越來越強，但需要在保護資料隱私為前提下進行資料合作，獲取資料價值。

為了在保護數據本身不對外洩漏的前提下實現資料分析計算，現在已經專門發展出了一門技術——隱私計算技術。隱私計算融合密碼學、人工智慧與電腦硬體等眾多學科，逐漸形成了以多方安全計算、聯邦學習、可信執行環境為代表，以混淆電路（Garbled Circuits）、祕密分享、不經意傳輸等作為基礎支撐技術，以同態加密（Homomorphic Encryption）、零知識證明（Zero-Knowledge Proof）、差分隱私（Differential Privacy）等作為輔助技術的相對成熟的技術體系，為資料安全合規流通提供了技術保障。

為了保護資料中的使用者隱私，在公開特定資料時，通常會做「數據脫敏」或者「匿名化處理」，意思是把其中一些隱私資料去掉。例如，根據美國法律，由受保護實體（或受保護實體的業務相關企業）建立或蒐集的，能夠與特定個人關聯的，有關健康狀況、醫療保健提供或醫療費用支付等資訊，被稱作受

保護健康資訊（Protected Health Information, PHI）。此類資料公開釋出前，資料使用者（通常是研究人員）應當對其進行數據脫敏，刪除其中可供辨識個人的項目，以保護研究參與者的個人隱私。根據健康保險便利及責任法案隱私規則，資料需要透過下列步驟完成身分辨識內容的清洗：

①移除姓名、地理位置、電話號碼等18項身分辨識符號；

②統計專家證實該資料集被重新辨識的可能性極低。

這裡面，第一條比較容易做到，但第二條則需謹慎的評估，這就涉及差分隱私的問題。

差分隱私是指：在公開資料庫統計資料時，如果一個人的資料不在資料庫裡，那他的隱私就不會被洩漏。因此，差分隱私旨在為每個個體提供與將其資料移除可以帶來的隱私保護幾乎相同的程度。也就是說，在資料庫上運行的統計函數（例如，求和、求平均等）不能過於依賴任何個體的統計資料（不能依賴任何單一紀錄）。從另一個角度來理解，差分隱私就是評判可否公開資料庫統計特徵的演算法的一個約束條件，該約束條件要求資料庫各紀錄中的隱私資訊不被公開。

差分隱私如此優秀，那具體怎麼實現呢？一個很自然而然的想法是「雜訊」。差分隱私可以透過加適量的干擾雜訊來實現，目前常用的新增雜訊的機制有拉普拉斯機制（Laplace Mechanism）及指數機制（Exponential Mechanism），其中拉普拉斯機制用於保護數值型的結果，指數機制用於保護離散型的結果。

第十二章 建構資料世界的規則

差分隱私保證了資料被用於研究或分析的同時,不會造成資料洩漏。在最好的情況下,不同的差分隱私演算法可以使被保護資料既可以廣泛用於準確的資料分析,又無須藉助其他資料保護機制。2016年,蘋果公司宣布使用在地化差分隱私技術來保護其iOS、MAC的使用者隱私,Google公司也利用在地化差分隱私技術保護每天從Chrome瀏覽器所蒐集的超過1,400萬個使用者行為的統計資料。

在執行資料搜尋或分析過程中往往既要實現資料被有效利用,又要保護參與方的資訊不被濫用,有兩種思路,一種是基於加密的同態加密技術,另一種是基於分散式學習的聯邦學習技術。

同態加密是一種加密形式,原始資料經過同態加密後,生成密文資料,經過計算處理,形成密文結果。然後進行同態解密,得到的計算結果與將原始資料直接計算處理所得到的計算結果一致。這項技術使人們可以在加密的資料中進行諸如檢索、比較等操作,得出正確的結果,而在整個處理過程中無須對資料進行解密。

聯邦學習作為一種特殊的分散式機器學習方法,它在保護原始資料隱私安全的前提下對資料持有者進行聯合建模。資料持有者無須將本地的原始資料上傳至中央伺服器,而是在各自的本地裝置上進行機器學習模型訓練,最後中央伺服器再將所有資料持有者的本地模型融合得到一個全局模型,滿足了資料

不出本地前提下的學習。聯邦學習需要解決的主要問題是這個聯合模型和透過傳統方式直接將各方資料聚合在一起訓練出來的模型在效能上基本一致。

上述技術在保護多參與主體資料不對外洩漏的前提下，達成資料融合、分析計算與價值挖掘，透過「原始資料不出域」、「資料可用不可見」等特性，顯著降低了公共資料開放與利用的風險，有助於推動公共部門開放更多的高品質資料，促進市場與社會的資料利用。

第十三章
資料元宇宙

1. 資料自成一界？

　　復旦大學朱揚勇教授在所著的《數據學》一書中提出了資料自然界的概念，認為：「人類在認識由宇宙和生命組成的真實自然界的過程中，產生的成果保留在電腦系統中，在不知不覺中創造了一個由電腦中的資料構成的資料自然界，資料自然界中的資料以自然方式增加而不為人類所控制，資料自然界具有未知性、多樣性和複雜性的特點。」

　　2013 年 5 月 29 － 31 日，主題為「資料科學與大數據的科學原理及發展前景」的香山科學會議第 462 次學術討論會在北京召開，與會專家也給出了類似的資料界的概念（Data Sphere）。

　　此觀點認為，資料是網路空間的唯一存在，而物質是宇宙空間中的唯一存在，網路空間的資料展現出不可控性、未知性、多樣性、複雜性等自然界的特徵，進而提出了資料界的概念，資料界是網路空間的所有資料。

　　在資料界中，人類所面臨的主要問題是：數位時代，資料

第三部分　開啟資料元宇宙

跨越地理疆界,將會有新的國家形態出現,社會、政治與軍事也都產生新的形態。

資料界有一些科學問題,如資料界有多大、資料以什麼方式增加、數據如何傳播、資料的真實性如何判斷等。這些問題不是自然科學和社會科學的研究範疇,需要一個研究資料的新科學,稱為資料科學(Data Science)。

資料已經自成一界了嗎?資料是客觀存在的嗎?

今天,全球資料總量正從 GB、TB、PB、EB 到 ZB,正向 YB 擴展,似乎已然成為不容忽視的存在。

這些資料不管是沉睡在磁帶裡、在硬碟檔案裡,還是印刷在紙張上,總之就在那裡。如果人們不去關注它們,這些資料或許一直存在下去,或許自然地消失掉,就像從來沒有過一樣。這就像一片與世隔絕的原始森林,人們沒有去涉獵其中,並不影響森林裡千姿百態的生物的恣意生長和滅亡。從這一點看,資料似乎真的有自己的客觀存在,存在於自己的「資料界」裡面。然而,若換個角度,這些資料不是由人類創造的,就是由人類感知或者測量的,並最終靠人類記錄的。離開人類的活動,它們或許就不會產生,也就不能單獨存在。

例如,人們可以用溫度計測量溫度的變化,但如果沒有人類測量,自然界並沒有量化溫度這個事,也就無從記錄溫度的資料。這樣理解,資料可能還不能自成一界,還只是人類對自然與社會屬性的一種描述。

所以資料界的概念已經是一個哲學的概念，而一旦涉及哲學，沒有個幾百年恐怕是爭論不清楚的。不管資料界是否真的存在抑或是資料只是客觀事件的一種精確表示，資料都已經成為人們認知世界的一種手段，我們暫且只需要關注由人類創造、記錄或儲存的這些資料，並從資料中發現事實、發現規律。

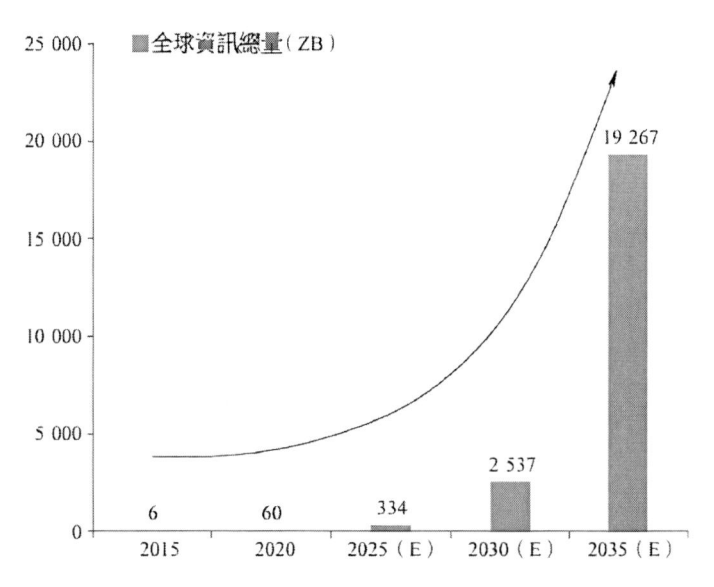

年份	全球資訊總量（ZB）
2015	6
2020	60
2025（E）	334
2030（E）	2 537
2035（E）	19 267

新摩爾定律主導下 2015 － 2035 年全球資料總量呈增加趨勢

2. 眼花撩亂的元宇宙

資料的世界是什麼樣的世界？是不是就是現在熱門的「元宇宙」呢？

第三部分　開啟資料元宇宙

元宇宙這個術語「Metaverse」是由尼爾·史蒂文森（Neal Stephenson）於 1992 年於其科幻小說《潰雪》(*Snow Crash*) 中提出的。跟現實中一樣，元宇宙的開發商也會開發街道，建造建築、公園、標誌以及現實中不存在的東西，如巨大的盤旋在頭頂的燈光秀、無視三維時空規則的特殊街區以及人們可以去獵殺對方的自由戰鬥區。從這個角度來看，元宇宙是一個大型的虛擬實境場景。

目前，業界普遍認為元宇宙還包含「虛擬原生」以及「虛實共生」的雙重定義，元宇宙的虛擬世界是利用科技手段創造的，並與現實世界連結、對映和互動，是具備新型社會結構的數位生活空間。從這個角度看，元宇宙有類似於數位對映的意思。

元宇宙的字首 meta- 源於希臘語前置詞與字首「μετά」，意為「之後」、「之外」、「之上」、「之間」，進而延伸出「有變化的」、「超出一般限制的」、「超越什麼的」、「關於什麼的」之意。我們常說的形而上學，英文就是 metaphysics，字面意義是「超越」物理學的學問，引申指對世界本質的研究，即研究一切存在、一切現象（尤其指抽象概念）的原因及根源。

我們也可以把現實宇宙空間看作由資料定義與物質構築的宇宙，舉一個很好理解的例子，一對同卵雙胞胎，從受精卵細胞分裂那一刻起，就是兩個完全獨立的個體，卻在出生和成年後長成兩個一模一樣的人。決定他們生長的是一段共同的基因，而生物的基因是能夠遺傳且具有功能性的一段 DNA 或 RNA 序

第十三章　資料元宇宙

列,是一段編碼的核苷酸序列,是一種生物意義上的「資料」。

這樣理解,用「元」的意思來描繪的元宇宙,就應該是「超現實的」或「關於宇宙的」宇宙,那「資料界」還真有點元宇宙的意思。

關於元宇宙的定義,很多人都引用了 Roblox 公司在其上市募股書裡列出的關於「元宇宙」的八個特徵,其中,明確提出了 Roblox 平臺的八大關鍵特徵,Roblox 公司描述其平臺的營運模式是接近《潰雪》作者史蒂文森的願景的。

易用性
隨時隨地
身分　沉浸體驗
社交互動
內容多元
經濟系統
安全倫理

Roblox 平臺的八大關鍵特徵

這八大關鍵特徵確實也可以用來總結目前主流元宇宙觀點所關注的內容:

(1) 身分：元宇宙的使用者都有獨特的身分，並允許他們在元宇宙中以其想成為的替身來表達自己的想像。

(2) 朋友：元宇宙的使用者可以與朋友互動，不管這些朋友是他們在現實世界中認識的，還是在元宇宙中認識的。

(3) 沉浸感：這是元宇宙最吸引人的特徵，隨著技術的不斷進步，那種身臨其境的 3D 體驗將會變得越來越有吸引力，最終達到與現實世界難以區分的地步。

(4) 隨時隨地：元宇宙平臺的使用者、開發者與創造者來自世界各地，使用者可以隨時進入並體驗元宇宙。

(5) 易用性：藉助開發技術和訪問平臺技術的進步，元宇宙的創造者、開發者與玩家使用者都將會有輕鬆、易用的體驗。

(6) 內容多元：無數的創作者和人工智慧將不斷擴展元宇宙的疆域，豐富各種五花八門、極具個性的虛擬內容。

(7) 經濟系統：會有一個建立在虛擬貨幣基礎上的充滿活力的元宇宙經濟體系，以吸引使用者、開發者及創作者樂於在元宇宙中創造與消費。

(8) 安全：元宇宙需要以促進人類文明為目標，仍然必須遵循現實世界的法律和規則，以確保使用者安全。

由 Roblox 公司引領的這波元宇宙浪潮仍處於社交、遊戲場景應用的初級階段，更多強調了元宇宙的虛擬體驗和社交特性。但元宇宙正在生長和增強的過程中，隨著元宇宙中虛擬內

第十三章　資料元宇宙

容不斷增加、內容設計更多地融合有趣的虛擬敘事性、元宇宙展示與互動技術的迅速進步，使元宇宙身分辨識和經濟體系得以建立，使用者的體驗會越來越好，將吸引越來越多的人在其中消磨時間和消費，會逐漸將元宇宙拓展成為更獨特的運作體系。筆者比較認同袁昱博士在 2022 年 7 月的一次公開演講中描述的元宇宙：元宇宙既然以宇宙命名，就必須是持久的，而且應該是巨大的、全面的、沉浸的、自洽的。元宇宙既然用「meta」來形容，就應該是逼真的、易用的、泛在的，並且可以是去中心化的。狹義上，元宇宙可以簡單地定義為持久存在的虛擬實境，廣義上，元宇宙是數位化轉型的高級階段和長期願景。

「永續性」意味著元宇宙必須真正地被產生，而一旦產生就不能消亡，元宇宙中的所有事物都需要創造出來，事物的變化乃至消失要符合邏輯。元宇宙有別於單機版遊戲，單機版遊戲不管它做得多麼逼真，關機後就消失不見了，這不能稱為元宇宙。也就是說，元宇宙底層必須有個存在物，這個存在物只能是資料。「巨大的、全面的」自不必贅言，元宇宙的規模一定要大，理論上來講，元宇宙是現實宇宙的維度升級，其大小與現實宇宙完全沒有可比性，可以容納寰宇八方、亙古洪荒。

元宇宙的空間及內容需要建設，這可能不僅僅需要人力，還需要人工智慧的幫助。2022 年 9 月，輝達（NVIDIA）釋出了一種 GET3D 演算法模型，只需要一塊圖形處理器，每秒就能產出大約 20 個模型，並即時生成帶紋理的 3D 形狀。這樣的能力

第三部分　開啟資料元宇宙

可能會改變元宇宙開發者的遊戲規則，協助他們用各種有趣的對象快速填充虛擬世界。

「沉浸式」特徵比較好理解，追求更好的體驗一直是硬體廠商的追求，持續調整解析度和更新率的顯示技術以及支持眼動追蹤注視點渲染等新技術，可以讓元宇宙的使用者長時間舒適使用 AR 及 VR 頭戴式裝置。此外，未來擺脫眼鏡及頭盔的全像投影技術將帶給人們真正的沉浸式體驗。

「自洽性」則要求元宇宙要符合一定的邏輯，元宇宙中的個體受限於場景和其他個體，並不能隨心所欲。元宇宙中的敘事性設定也不能自相矛盾，不能違反人類普遍遵循的規則。

現在以 Roblox 公司為代表的「初代」元宇宙可以看作狹義的元宇宙，即持久存在的虛擬實境。一個有趣的現象是，2022年9月27日，實體零售商沃爾瑪（Walmart）宣布將「登陸」Roblox 平臺，並為年輕使用者打造了兩款新的體驗產品：「沃爾瑪樂園」（Walmart Land）與「沃爾瑪遊戲世界」，而此前 Nike、Samsung、VF、Gucci、Spotify 等大廠已經入駐 Roblox 平臺。Gucci 在元宇宙推出旗下包款的限量虛擬版，虛擬包定價 5 美元，後來炒作到 4,000 多美元，比實體包售價 3400 美元還高。2022年9月，Roblox 平臺日活躍使用者達到 5,780 萬人，年增率 23%。

而作為數位化轉型高級階段和長期願景的廣義元宇宙則還在探索階段。有人預測，到 2027 年，全球超過 40% 的大型企業

機構將在基於元宇宙的專案中使用 Web3.0 技術、雲端擴增實境（AR Cloud）與數位對映的組合來增加收入。隨著工業元宇宙、建造元宇宙與元宇宙城市的建構和持久生長，人類終將迎來一個新的世界。

3. 元宇宙的資料本質

相比元宇宙，數位對映本身概念非常明確，就是現實世界在網路空間中的真實回饋，無論是數位對映工廠、數位對映城市，甚至數位對映地球，本意都是透過感知資料，在虛擬空間內建立包括人、物與環境等要素在內的擬真動態對映體，即時地還原真實世界並影響物理世界，強調物理真實性，強調雙向演化、虛實聯動。

數位對映可以視為眾多元宇宙中的一維，但元宇宙並不是數位對映，元宇宙並不是現實世界完全映像到虛擬世界中，元宇宙直接面向人的感知，強調視覺沉浸，展現豐富的想像力，即是為人的感受而生的虛擬實境。

舉一個例子，在一個迪士尼樂園的數位對映裡，樂園的管理方可以即時掌握設備的運轉狀態並加以維護，玩家也可以虛擬地體驗樂園裡的各種遊樂設施。但是玩家在元宇宙的迪士尼樂園裡，除了能夠實現現有設施的虛擬體驗，還可以上天入

第三部分　開啟資料元宇宙

地，享受現實世界中無法體會的超感官體驗。

其他林林總總的元宇宙是現實宇宙的數位延伸與維度擴展：一個自然人可以在元宇宙中擁有 N 個多執行緒的分身，有各自不同的替身形象。每個替身在元宇宙中的行為其實都是資料，是真實發生的，如果沒有這些資料，元宇宙也是空蕩蕩的。

有一個例子就很骨感，雖然 Roblox 平臺日活躍使用者達到 5,000 萬的規模，但資料顯示，號稱估值 10 億美元的 Decentraland 元宇宙平臺在 2022 年 10 月 7 日一天只有 38 個活躍使用者。

沒有資料就沒有元宇宙。但是資料只有一份，當一個人以一種化身在一個元宇宙中行動時，其他宇宙的資料從何而來？可以用人工智慧嗎？當然可以，但是人工智慧分身在元宇宙經歷的，玩家如何體驗？那還是元宇宙嗎？

因此，元宇宙的本質是資料，元宇宙的場景可以是虛擬的，但資料必須是真實的。一方面，現實世界的資料可傳遞至虛擬世界，即感知現實環境，不管是數位對映環境，或是人的互動行為，都是透過大量感測器、攝影機、光學雷達、三維動作捕捉鏡頭、觸覺服飾和手套、手環，甚至類似人工神經纖維的設備採集了資料，再傳遞到元宇宙裡，或者轉化成元宇宙中的行為，或者改變了元宇宙中虛擬事物的狀態。另一方面，在體驗環節，需要把虛擬世界的資料翻譯給現實世界，將元宇宙中的大量資料表達的內容，經由虛擬實境、擴增實境、延展實境技術建構的大規模生態系統實現。

第十三章　資料元宇宙

　　是資料創造了元宇宙，又是資料生生不息，最終轉化為元宇宙裡面的花花世界。

# 第三部分　開啟資料元宇宙

尾聲

數的奇想：黑方碑

當人類面臨毀滅，留下什麼能夠延續文明？許多科幻作家都在作品中描述過這個有趣的話題，其中一個思路是最奇特的，那就是留下一塊黑方碑。

這塊黑方碑用當時人類最為精密的技術製造，全部由碳原子緊密聚合而成，因此，它是一塊巨大的鑽石！這塊鑽石碑上什麼都不要寫，只需要嚴格按照比例製造出來。

數千萬年過去了，這塊黑方碑在地球上經歷了滄海桑田，人類的所有痕跡已被大自然消磨殆盡，甚至所有的生命都消失了，地球重新進入了亙古洪荒時代。

一隊外星人來到地球，看到了這塊黑方碑，他們仔細地研究，百思不得其解，黑方碑光滑如鏡，沒有任何文字刻劃，內部也是緻密的碳原子結構，沒有任何資訊。但外星人明白這顯然不是自然形成的，一定攜帶有某種文明訊息。

他們忽然發現一個問題，這塊黑方碑的高度與長度的比、長度與寬度之比是一樣的，而且無論他們如何精密測量，這個比例始終保持一致，直到他們測量到原子級別的極限，還是同樣的比例，這顯然是有意為之。

尾聲　數的奇想：黑方碑

　　這個比例是一個位數非常巨大的無限不循環小數，這就是人類留給未來的訊息，一個「數」！

　　外星人嘗試了不同的進位，將這個數破譯為訊息，他們從數字最前面的部分得到了自解碼表，訊息就是用這個自解碼表編譯成數字組成。緊接著，他們首先恢復了一個規則排列的表格，經過與採集的地球元素的比對，他們辨識出這裡表示的是碳、氮、氫、氧、磷等基本元素原子中的質子數，這是一張元素週期表！緊接著，他們從一組數字中辨識出一個個由基本元素組成的複雜三維結構。利用地球上遍地都是的基本元素，外星人很快構造出了簡單的醣、鹼基、氨基酸等有機高分子，藉助外星文明對生命的理解，一個基本的細胞被構造出來。

　　他們又從資料中辨識出一串長長的對偶資訊，這是一段非常有規律的編碼，卻只有 4 個基本符號，這是一個人的 DNA！它被植入細胞中，奇蹟發生了，細胞開始分裂，繼續分裂，誕生了原始的胚胎。後面的事情就簡單了，外星人利用地球人留下的資訊造出了一個個的人，他們開始自主生存，文明重新萌芽……

附錄

儲存容量單位

符號	中文表述	詞頭名稱
b（bit）	位元	位
B（Byte）	位元組	位元組
KB	千位元組	千
MB	兆位元組	兆
GB	十億位元組	吉 [咖]
TB	兆位元組	太 [拉]
PB	千兆位元組	拍 [它]
EB	百億億位元組	艾 [可薩]
ZB	十兆億位元組	澤 [它]
YB	億億億位元組	堯 [它]

附錄

參考文獻

[1] 中國科學院考古研究所 (1959)。居延漢簡甲編 [M]。北京：科學出版社。

[2] 陳鐵梅 (1988)。中國舊石器考古年代學的進展與敘述 [J]。考古學報，3 卷，357-368 頁。

[3] 令狐若明 (1989)。古代埃及的檔案 [J]。史學集刊，2，69。

[4] 曹飛羽，李潤泉 (1989)。四十年來小學數學通用教材的改革 [J]。課程・教材・教法，10，1-8。

[5] 楊維維 (1989)。淺析中國歷史上官廳會計教育的演進 [J]。時代金融，5，207。

[6] 王森 (1991)。「熵」與《熱力學史》[J]。中國圖書評論，4，98-99。

[7] 孟德斯鳩 (1995)。羅馬盛衰原因論 [M]（玲譯）。北京：商務印書館。

[8] 卞毓麟 (1996)。海王星談往 [J]。科學，48（3），46-48。

[9] 宮秀華 (2001)。奧古斯都與羅馬帝國初期的人口普查制度 [J]・世界歷史，3，117-119。

參考文獻

[10] 趙瑤丹（2001）。宋代戶籍制度和人口數問題研究綜述 [J]。中國史研究動態，1，15-18。

[11] 黎石生（2002）。從長沙走馬樓簡牘看三國時期孫吳的戶籍檢核制度 [J]。湖南檔案，2，40-41。

[12] 儲雪蕾（2004）。新元古代的「雪球地球」[J]。礦物岩石地球化學通報，3，233-238。

[13] 俞煒華，董新興，雷鳴（2004）。氣候變遷與戰爭、王朝興衰更迭 —— 基於中國數據的統計與計量文獻述評 [J]。東嶽論叢，36（9），81-86。

[14] 章典，詹志勇，林初升等（2004）。氣候變化與中國的戰爭、社會動亂和朝代變遷 [J]。科學通報，23，2468-2474。

[15] 令狐若明（2005）。古代埃及的檔案 [J]。史學集刊，2，68。

[16] 江海雲（2007）。漢簡中所見的河西開發及啟示 [J]。敦煌學輯刊，4，353-360。

[17] 康均，王濤，胡君暘（2007）。中國古代記帳方法的發展 —— 定式簡明會計記錄方法 [J]。財會學習，5，69-71。

[18] 中國社會科學院考研研究所，等（2009）。里耶古城·秦簡與秦文化研究 [M]。北京：科學出版社。

[19] 朱揚勇，熊贇（2009）。數據學 [M]。上海：復旦大學出版社。

[20] 周志太（2009）。外國經濟學說史 [M]。北京：中國科技大學出版社。

[21] 劉禹，安芷生，Hans W. Linderholm 等（2009）。青藏高原中東部過去 2485 年以來溫度變化的樹輪記錄 [J]。中國科學（D 輯：地球科學），39（2），166-176。

[22] 山克強·歷史朝代興替的氣候冷暖變化背景 [D]（2010）。北京：中國地質大學。

[23] 李舒亞·王小雲（2010）。密碼學家的人生密碼 [J]。決策與資訊，1，48-49。

[24] 劉珈辰，錢宇佳，黛博拉·肯特（2012）。戲劇性的海王星事件 [J]。世界科學，2，59-63。

[25] 李傑，劉宗長（2015）。中國製造 2025 的核心競爭力 —— 挖掘使用數據 [J]。博鰲觀察，4，52-55。

[26] 馬化騰（2015）。網際網路＋：國家策略行動路線圖 [M]。北京：中信出版社。

[27] 陽颺·居延漢簡（2015）。瑞典人貝格曼掉了一支鋼筆 [J]。檔案，8，20-23。

[28] 里耶·李偏，張茂恆，孔興功等（2019）。近 2000 年來東亞夏季風石筍記錄及與歷史變遷的關係 [J]。海洋地質與第四紀地質，30（4），201-208。

參考文獻

[29] H.L. 奧爾德，E.B. 羅賽勒。機率與統計入門 [M]（劉宗鶴，吳敬業，倪興漢）（2020）。北京：農業出版社。

[30] 王思彤（2020）。人口普查的前世今生 [J]。統計與諮詢，4，48。

[31] 華為技術有限公司（2022）。智慧世界 2030[R]。深圳。

國家圖書館出版品預行編目資料

資料演化論，從繩結、泥板到元宇宙：數位對映、虛擬實境和區塊鏈，數位時代的起點竟是數手指的原始人？/ 劉士軍 著. -- 第一版. -- 臺北市：機曜文化事業有限公司, 2025.08
面；　公分
POD 版
ISBN 978-626-99909-5-5(平裝)
1.CST: 資訊科學 2.CST: 文明史
312　　　　　　　　　114010729

資料演化論，從繩結、泥板到元宇宙：數位對映、虛擬實境和區塊鏈，數位時代的起點竟是數手指的原始人？

作　　者：劉士軍
發 行 人：黃振庭
出 版 者：機曜文化事業有限公司
發 行 者：機曜文化事業有限公司
E - m a i l：sonbookservice@gmail.com
粉 絲 頁：https://www.facebook.com/sonbookss/
網　　址：https://sonbook.net/
地　　址：台北市中正區重慶南路一段 61 號 8 樓
8F., No.61, Sec. 1, Chongqing S. Rd., Zhongzheng Dist., Taipei City 100, Taiwan
電　　話：(02) 2370-3310　　傳　　真：(02) 2388-1990
印　　刷：京峯數位服務有限公司
律師顧問：廣華律師事務所 張珮琦律師

- 版權聲明

本書版權為機械工業出版社有限公司所有授權機曜文化事業有限公司獨家發行繁體字版電子書及紙本書。若有其他相關權利及授權需求請與本公司聯繫。
未經書面許可，不可複製、發行。

定　　價：420 元
發行日期：2025 年 08 月第一版
◎本書以 POD 印製